中等职业教育新课程改革丛书

网络安全技术应用

主 编 胡志齐

U0256606

电子工业出版社·

Publishing House of Electronics Industry

北京·BEIJING

内 容 简 介

本书采用全新的项目式编排方式，真正实现了基于工作过程，项目教学的理念。本书由 7 个学习单元构成，单元 1 介绍操作系统安全配置与测试；单元 2 介绍网络病毒和恶意软件的清除与防御；单元 3 介绍常见的网络攻击和入侵及常用的防御方法；单元 4 介绍使用协议分析软件分析网络的安全状况；单元 5 介绍防火墙及入侵防御系统的部署及使用；单元 6 介绍利用各种 VPN 技术实现企业数据在公网的传输安全；单元 7 介绍加密和数字签名技术。

本书内容全面，涵盖了网络安全的大部分内容，做到理论和实践一体，让学生有所学，有所练，理论以够用为度，同时又尽量全面覆盖当今网络安全领域广泛应用的知识，通过完整的实例对网络安全的知识和技术进行透彻的讲述。

本书是为中等职业学校网络技术专业学生编写的，同样适用于网络技术领域入门者以及职业院校开设计算机网络技术等相关课程的专科学生。

图书在版编目（CIP）数据

网络安全技术应用 / 胡志齐主编. —北京：电子工业出版社，2014.6
（中等职业教育新课程改革丛书）

ISBN 978-7-121-22710-3

Ⅰ．①网… Ⅱ．①胡… Ⅲ．①计算机网络—安全技术—中等专业学校—教材 Ⅳ．①TP393.08

中国版本图书馆 CIP 数据核字（2014）第 056222 号

策划编辑：肖博爱
责任编辑：郝黎明
印　　刷：北京盛通数码印刷有限公司
装　　订：北京盛通数码印刷有限公司
出版发行：电子工业出版社
　　　　　北京市海淀区万寿路 173 信箱　邮编　100036
开　　本：787×1 092　1/16　印张：14.5　字数：371.2 千字
版　　次：2014 年 6 月第 1 版
印　　次：2024 年 12 月第 15 次印刷
定　　价：29.00 元

凡所购买电子工业出版社图书有缺损问题，请向购买书店调换。若书店售缺，请与本社发行部联系，联系及邮购电话：（010）88254888，88258888。

质量投诉请发邮件至 zlts@phei.com.cn，盗版侵权举报请发邮件至 dbqq@phei.com.cn。

本书咨询联系方式：（010）88254617，luomn@phei.com.cn。

前 言

互联网资源的日益丰富，为新知识、新技术的学习带来了方便，仅掌握书本上的理论已经无法跟上时代的步伐，也不符合科学发展的思想，更无法满足学习者持续增加知识和技能的需求。因此本书强调的是方法和能力的传授。本书充分借鉴了国内外基于行动导向的职业教育成功经验进行开发设计。

本书共设计了7个学习单元的学习情景，每个学习单元对应企业网络中不同的安全防护需求。单元1为操作系统安全配置与测试；单元2为网络病毒和恶意软件的清除与预防；单元3为网络攻击与防御；单元4为网络安全状况监测与诊断；单元5为网络边界安全与入侵检测；单元6为远程接入安全配置；单元7为加密与数字签名技术的应用。这7个方面所涉及的是目前企业网络安全管理与防护的主要技术。

每个学习单元都有一个总体的单元目标，每个学习单元按"工作过程"分为2～4个工作任务，每个工作任务下面组织若干活动，教材中每个活动都按以下体例精心设计。

- 任务描述：设置教学情境，引导学习者从实际出发考虑问题，积极主动地进行学习。

- 任务分析：对要完成的任务进行分析，理清完成任务的思路。

- 任务实战：具体的学习、探究引导。

- 知识链接：具体应用到的部分知识性内容，包括课上能用到的及一些拓展知识。

- 任务拓展：每个任务完成后有任务拓展，包括必要的理论知识习题和动手实训题。

本书可作为中高职类技术院校，以及各类计算机教育培训机构的网络安全技术教材，也可供广大网络安全技术爱好者自学使用。

本书由胡志齐主编，参加编写的成员还有黄正艳、胡亦骞、孙朝文、陈金玲。由于编者水平有限，时间仓促，书中难免存在不足之处，敬请读者谅解。

编 者

目 录

单元 1
操作系统安全配置与测试

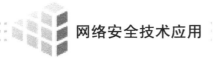

[单元学习目标]

➤ **知识目标**

　　1．了解 Windows 服务器操作系统的安全策略

　　2．掌握 Windows 服务器操作系统安全策略的配置方法

　　3．掌握安全配置 Web 服务器的方法

　　4．掌握服务和端口安全

　　5．了解系统漏洞的概念

　　6．掌握使用 MBSA 检测系统漏洞的方法

　　7．掌握企业操作系统补丁更新的方法

➤ **能力目标**

　　1．具备对 Windows 服务器操作系统进行安全策略配置的能力

　　2．具备对 Windows 服务器进行端口和服务安全加固的能力

　　3．具备安全配置 Web 服务器的能力

　　4．具备利用 MBSA 扫描系统漏洞并查看报告的能力

　　5．具备利用微软 WSUS 服务器为客户端分发和安装系统补丁的能力

➤ **情感态度价值观**

　　1．培养认真细致的工作态度

　　2．逐步形成网络安全的主动防御意识

[单元学习内容]

　　计算机系统安全是网络安全的基础。目前，Windows 操作系统是应用最多的计算机操作系统之一，市场占有率始终维持在 90%左右。常用的 Windows 服务器操作系统包括 Windows 2003 和 Windows Server 2008。任何安全措施都无法保证万无一失，而强有力的安全措施可以增加入侵的难度，从一定程度上提升系统的安全性。通常情况下，用户安装操作系统后便投入使用是非常危险的。要想使服务器在复杂的环境下平稳运行，必须进行安全加固。本章将以 Windows 2003 系统为例进行安全加固，保证系统安全运行。

 任务1　Windows 系统基本安全设置

活动 1　设置本地安全策略

【任务描述】

　　齐威公司新购置了几台计算机准备作为服务器，小齐给它们安装了比较流行的 Windows 2003 服务器操作系统，而且安装的时候选择的是默认安装。但由于是服务器，对公司来说非常重要，来不得半点马虎，于是在默认安装结束后，小齐决定对系统进行安全加固。

【任务分析】

小齐利用网络查找资料了解到,利用 Windows Server 2003 的安全配置工具来配置安全策略,微软提供了一套基于管理控制台的安全配置和分析工具,可以配置服务器的安全策略,在管理工具中可以找到"本地安全设置"配置 5 类安全策略:账户策略、本地策略、公钥策略、软件限制策略和 IP 安全策略。小齐决定先进行账户策略的设置。

【任务实战】

(1)选择"开始"→"所有程序"→"管理工具"→"本地安全策略",显示"本地安全设置"窗口,如图 1-1 所示。

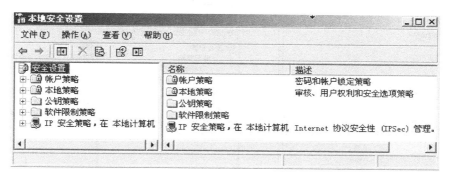

图 1-1　"本地安全设置"窗口

(2)开启账户策略。开启账户策略就可以有效防止字典式攻击,设置如下。

知识链接

字典式攻击是破解密码的一种方式,也就是猜密码,只不过用计算机来完成,是指黑客利用一个事先编辑好的字典文件,里面存储着预先设定好的大量的用户名和密码,通过软件一个个向被攻击计算机发起攻击。比较有名的如流光。

① 单击"账户策略"左边的⊞,展开"账户策略"项,看到"密码策略"与"账户锁定策略"两项。

② 选择"账户锁定策略",在窗口的右边将出现"复位账户锁定计数器"、"账户锁定时间"、"账户锁定阈值"3 项,如图 1-2 所示。

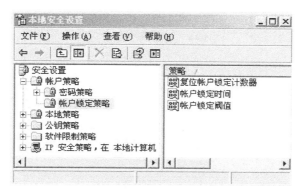

图 1-2　"账户锁定策略"选项

③ 选择"账户锁定阈值"，单击鼠标右键，选择"属性"，打开"账户锁定阈值属性"对话框，如图 1-3 所示。

④ 在对话框中选择需要设置的登录次数，超过该次数后就会锁定该登录账户，以防止非授权用户的无限次尝试登录。其余项目设置与此相同。

（3）开启密码策略。密码对系统安全非常重要。本地安全设置中的密码策略在默认情况下都没有开启。

① 选择"密码策略"，在窗口右边窗格中显示策略具体项，如图 1-4 所示。

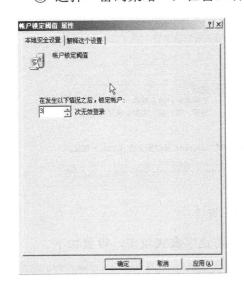
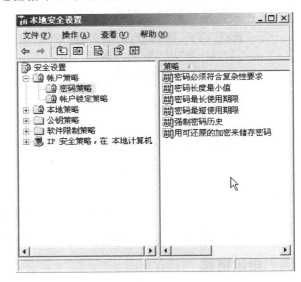

图 1-3　"账户锁定阈值 属性"对话框　　　图 1-4　"本地安全设置-密码策略"选项

② 以"密码长度最小值"的设置为例，说明密码策略的设置。选择"密码长度最小值"，单击鼠标右键，选择"属性"，打开"密码长度最小值 属性"对话框，如图 1-5 所示。

图 1-5　"密码长度最小值 属性"对话框

③ 在"密码必须至少是"文本框中选择要规定的字符个数，然后单击"应用"按钮，再单击"确定"按钮。这样就设置了密码策略的长度项，其余项的设置与此相同。

（4）开启审核策略。安全审核是 Windows Server 2003 最基本的入侵检测的方法。当有人尝试对系统进行某种方式（如尝试用户密码、改变账户策略和未经许可的文件访问等）入侵的时候，都会被安全审核记录下来。

① 选择"审核策略"，在窗口右边窗格中显示审核策略具体项，如图1-6所示。

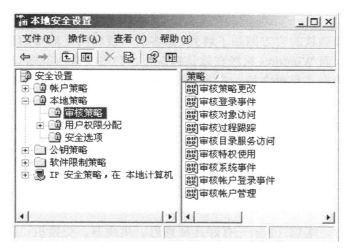

图1-6　"审核策略"列表框

② 以"审核策略更改"的设置为例说明审核策略的设置。选择"审核策略更改"，并单击鼠标右键，选择"属性"，打开"审核策略更改属性"对话框。

在"审核这些操作"中选中 "成功"和"失败"复选框，单击"应用"和"确定"按钮，审核策略更改成功。

（5）不显示上次登录名。默认情况下，终端服务接入服务器时候，登录对话框中会显示上次登录的账户名，本地的登录对话框也是一样。黑客们可以得到系统的一些用户，进而猜测密码。通过修改注册表可以禁止显示上次登录名，方法是在 HKEY_LOCAL_MACHINE 主键下修改子键 SOFTWARE\Microsoft\WindowsNT\CurrentVersion\Winlogon\DontDisplayLastUserName，将键值修改为"1"。

（6）禁止建立空连接。默认情况下，任何用户可以通过空连接进入服务器，进而枚举出账号，猜测密码。可以通过修改注册表来禁止建立空连接，方法是在 HKEY_LOCAL_MACHINE 主键下修改子键 System\CurrentControlSet\Control\LSA\RestrictAnonymous，将键值改为"1"。

？ 知识链接

空连接是黑客入侵系统的常规方法的第一步，它就像个跳板，如果空连接建立成功就可以枚举出被攻击计算机的用户名，进而猜测密码。

活动 2　关闭不必要的服务和端口

【任务描述】

小齐已经把服务器进行了密码策略的加固，而且安装上了杀毒软件，小齐得意地认为这样就可以万无一失了。可是服务器运行一段时间后，小齐发现服务器还是遭受到了多次的黑客入侵和网络病毒的侵袭，这是怎么回事呢？

【任务分析】

小齐通过访问微软的官方网站了解到，黑客的入侵和网络病毒的感染都是通过服务器的端口进行的，而 Windows 系统在默认情况下，有些没有用的端口和服务是开启的，这就给黑客和病毒有了可乘之机，小齐决定现在就把那些没有用的端口和服务关闭。

【任务实战】

1．关闭不必要的端口

（1）查看端口。查看端口的方式主要有两种：一种是利用系统内部的命令查看，另一种是使用第三方软件查看。

? 知识链接

在网络技术中，端口（Port）有好几种意思。集线器、交换机、路由器的端口指的是连接其他网络设备的接口，如 RJ-45 端口、Serial 端口等。这里所指的端口不是指物理意义上的端口，而是特指 TCP/IP 协议中的端口，是逻辑意义上的端口。如果把 IP 地址比作一间房子，端口就是出入这间房子的门。真正的房子只有几个门，但是一个 IP 地址的端口可以有 65536（即 2^{16}）个之多。端口是通过端口号来标记的，端口号只有整数，范围为 0 ～65535（$2^{16}-1$）。

方法：利用系统内部命令查看。

Netstat 工具可以显示有关统计信息和当前 TCP/IP 网络连接的情况，通过该工具，用户或网络管理人员可以得到非常详细的统计结果，当网络中没有安装特殊的网管软件，但要对整个网络的使用状况做详细的了解时，Netstat 就非常有用。

它可以用来获得系统网络连接的信息（使用端口和在使用的协议等）、收到和发出的数据、被连接的远程系统的端口等。在命令行状态下，输入以下命令并按 Enter 键：netstat-a，结果如图 1-7 所示。

```
C:\Documents and Settings\Administrator>netstat -a

Active Connections

  Proto  Local Address          Foreign Address        State
  TCP    server3:http           server3:0              LISTENING
  TCP    server3:epmap          server3:0              LISTENING
  TCP    server3:microsoft-ds   server3:0              LISTENING
```

图 1-7　Netstat-a 参数使用情况

知识链接

Proto：表示使用的网络协议；

Local Address：显示本机名和使用的协议（-a 参数）；显示本机地址和端口号（-n 参数）；

Foreign Address：指连接该端口的远程计算机的名称和端口号；

State：表明当前计算机 TCP 的连接状态。主要状态有 LISTENING、ESTABLISHED、TIME_WAIT。其中 LISTENING 表示监听状态，表明主机正在对打开的端口进行监听，等待远程计算机的连接，这比较危险，有可能会被病毒或者黑客作为入侵系统的端口；ESTABLISHED 表示已经建立起的连接，表明两台主机之间正在通过 TCP 进行通信；TIME_WAIT 表示这次连接结束，表明端口曾经有过访问，但现在访问结束。另外，UDP 端口不需要监听。

-n 这个参数基本上是-a 参数的数字形式，它是用数字的形式显示信息，这个参数用于检测自己的 IP，也有些人则因为更喜欢用数字的形式显示主机名而使用该参数。

-e 参数显示静态的网卡数据统计情况，如图 1-8 所示。

```
C:\Documents and Settings\Administrator>netstat -e
Interface Statistics

                            Received            Sent

Bytes                       5187333           162851
Unicast packets                4502             1699
Non-unicast packets             155               95
Discards                          0                0
```

图 1-8　Netstat-e 参数使用

-p 参数用来显示特定的协议所在的端口信息，它的格式为"netstat –p xxx"。其中 xxx 可以是 UDP、IP、ICMP 或 TCP，如图 1-9 所示。

```
C:\Documents and Settings\Administrator>netstat -p tcp

Active Connections

  Proto  Local Address          Foreign Address        State
  TCP    server3:microsoft-ds   server3:1388           ESTABLISHED
  TCP    server3:1136           server3:microsoft-ds   ESTABLISHED
```

图 1-9　Netstat-p 参数使用

-s 参数显示在默认的情况下每个协议的配置统计，默认情况下包括 TCP、IP、UDP、ICMP 等协议，如图 1-10 所示。

Netstat 的-a、-n 两个参数同时使用时，可以用来查看系统端口状态，列出系统正在开放的端口号及其状态，如图 1-11 所示。

```
C:\Documents and Settings\Administrator>netstat -e -s
Interface Statistics

                                    Received            Sent

Bytes                               5227652            201638
Unicast packets                        5037              2232
Non-unicast packets                     202               128
Discards                                  0                 0
Errors                                    0                 0
Unknown protocols                         0

IPv4 Statistics

  Packets Received                          = 5136
  Received Header Errors                    = 0
  Received Address Errors                   = 0
  Datagrams Forwarded                       = 0
```

图 1-10 Netstat-e-s 参数的综合应用

```
C:\Documents and Settings\Administrator>netstat -na

Active Connections

  Proto  Local Address          Foreign Address        State
  TCP    0.0.0.0:80             0.0.0.0:0              LISTENING
  TCP    0.0.0.0:135            0.0.0.0:0              LISTENING
  TCP    0.0.0.0:445            0.0.0.0:0              LISTENING
  TCP    0.0.0.0:1025           0.0.0.0:0              LISTENING
  TCP    0.0.0.0:1028           0.0.0.0:0              LISTENING
  TCP    127.0.0.1:1029         0.0.0.0:0              LISTENING
  TCP    192.168.1.3:139        0.0.0.0:0              LISTENING
  UDP    0.0.0.0:445            *:*
  UDP    0.0.0.0:500            *:*
  UDP    0.0.0.0:1082           *:*
```

图 1-11 Netstat-na 参数的综合使用

Netstat 的-a、-n、-b 3 个参数同时使用时，可用来查看系统端口状态，显示每个连接是由哪些程序创建的，如图 1-12 所示。

```
C:\Documents and Settings\Administrator>netstat -nab

Active Connections

  Proto  Local Address          Foreign Address        State          PID
  TCP    0.0.0.0:80             0.0.0.0:0              LISTENING      4
  [System]

  TCP    0.0.0.0:135            0.0.0.0:0              LISTENING      684
  RpcSs
  [svchost.exe]

  TCP    0.0.0.0:445            0.0.0.0:0              LISTENING      4
  [System]

  TCP    0.0.0.0:1025           0.0.0.0:0              LISTENING      1044
  [msdtc.exe]
```

图 1-12 Netstat-nab 参数的综合使用

（2）关闭端口。

步骤 1 选择"开始"→"设置"→"控制面板"→"管理工具"，双击打开"本地安全策略"，选择"IP 安全策略，在本地计算机"，如图 1-13 所示。

图 1-13 "本地安全设置"窗口

在右边窗格的空白位置右击，弹出快捷菜单，选择"创建 IP 安全策略"，于是弹出一个向导。在向导中单击"下一步"按钮。为新的安全策略命名为"关闭端口"，如图 1-14 所示。

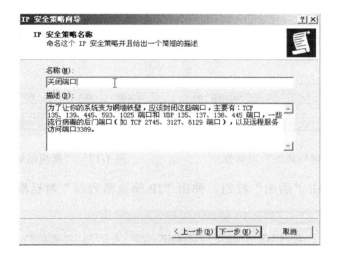

图 1-14 "IP 安全策略名称"对话框

单击"下一步"按钮，则打开"安全通信请求"对话框（图 1-15），在对话框上取消选中"激活默认相应规则"，单击"完成"按钮就创建了一个新的 IP 安全策略。

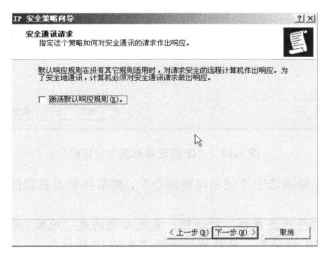

图 1-15 "安全通信请求"对话框

步骤 2　右击该 IP 安全策略，选择"属性"在打开的"关闭端口属性"对话框中（图 1-16），取消选中"使用添加向导"，然后单击"添加"按钮添加新的规则，随后弹出"新规则属性"对话框（图 1-17），其中显示"IP 筛选器列表"选项卡。

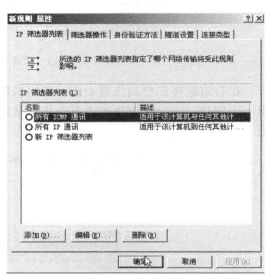

图 1-16　"关闭端口属性"对话框　　　　　图 1-17　"新规则属性"对话框

　　在图 1-17 中单击"添加"按钮，弹出"IP 筛选器列表"对话框，如图 1-18 所示。

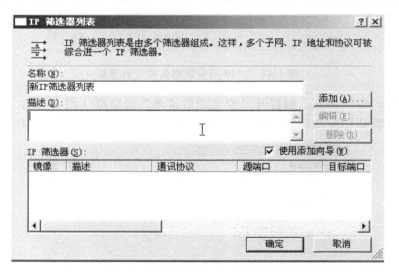

图 1-18　"IP 筛选器列表"对话框

　　在列表中，首先取消选中"使用添加向导"，然后再单击右边的"添加"按钮添加新的筛选器。

　　步骤 3　进入"筛选器属性"对话框，首先看到的是"地址"选项卡（图 1-19），源地址选择"任何 IP 地址"，目标地址选择"我的 IP 地址"。

　　选择"协议"选项卡，在"选择协议类型"下拉列表中选择"TCP"，然后在"到此端口"下的文本框中输入"135"，单击"确定"按钮，如图 1-20 所示。这样就添加了一个屏蔽 TCP 135（RPC）端口的筛选器，它可以防止外界通过 135 端口进入你的计算机。

单击"确定"按钮后回到筛选器列表的对话框，可以看到已经添加了一条策略。

重复以上步骤继续添加 TCP 137、139、445、593 端口和 UDP 135、139、445 端口，为它们建立相应的筛选器。重复以上步骤添加 TCP 1025、2745、3127、6129、3389 端口的屏蔽策略，建立好上述端口的筛选器，最后单击"确定"按钮。

图 1-19　"IP 筛选器属性"对话框

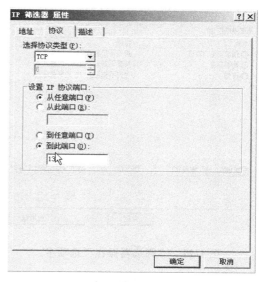

图 1-20　"协议"选项卡

步骤 4　在"编辑规则属性"对话框中，选择"新 IP 筛选器列表"，然后选中其左边单选按钮，表示已经激活，最后选择"筛选器操作"选项卡，如图 1-21 所示。

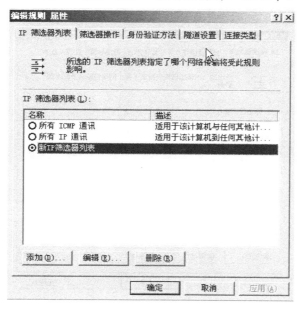

图 1-21　"编辑规则属性"对话框

在"筛选器操作"选项卡中，取消选中"使用添加向导"，单击"添加"按钮（图 1-22），添加"阻止"操作（图 1-23）：在打开的"需要安全属性"对话框的"安全措施"选项卡中，选择"阻止"，然后单击"确定"按钮。

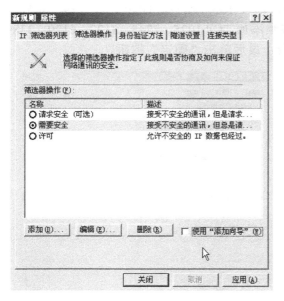

图 1-22 "筛选器操作"选项卡

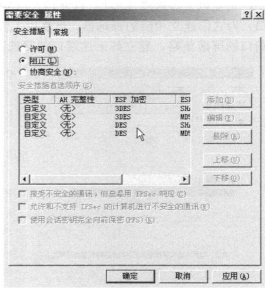

图 1-23 "安全措施"选项卡

步骤 5 进入"新规则属性"对话框，选择"新筛选器操作列表"，其左边的圆圈会加了一个点，表示已经激活，单击"关闭"按钮，关闭对话框；最后回到"新规则属性"对话框，选中"新 IP 筛选器列表"（图 1-24）左边的单选按钮，激活选项，单击"确定"按钮关闭对话框。在"本地安全策略"窗口，用鼠标右击新添加的 IP 安全策略，然后选择"指派"。

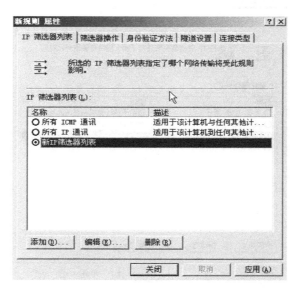

图 1-24 "IP 筛选器列表"选项卡

重新启动后，计算机中上述网络端口就被关闭了，病毒和黑客再也不能连上这些端口。

2. 关闭不必要的服务

在 Windows 操作系统中，默认开启的服务很多，但是并非所有的服务都是操作系统运行必须的，而禁止所有不必要的服务可以节省内存和大量系统资源，更重要的是提升系统的安全性。

（1）查看服务。单击"开始"菜单，展开"管理工具"，选择"服务"，打开"服务"窗口，如图 1-25 所示。

图 1-25 "服务"窗口

（2）关闭服务。下面以"程序在指定时间运行"服务为例说明如何关闭服务。

"程序在指定时间运行"的服务名称为"Task Schedule"，它就是计划任务的服务，可以让有权限的用户，制定一个计划让某个程序在未来某个时间自动运行。这个服务很容易被黑客利用，让木马自动在某个时间运行，因此如果不使用这项功能，建议停止这项服务。在系统服务中找到 Task Schedule 服务，单击鼠标右键，选择"属性"，打开的对话框如图 1-26 所示。然后选择启动类型为"禁用"。

单击"服务状态"下的"停止"按钮，弹出如图 1-27 所示的对话框，则该服务就被关闭了。

图 1-26　"Task Schedule 的属性"对话框

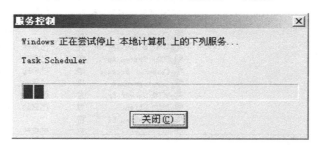

图 1-27　"服务控制"对话框

【任务拓展】

一、理论题

1．请说明 Windows 系统自身安全的重要性。

2．请列举出你所了解的 Windows 安全的配置方法。

3．Windows Server 2003 用户"密码策略"设置中，"密码必须符合复杂性要求"策略启用，用户设置密码必须满足什么要求？

4．查看端口的命令是什么？

二、实训

1．自动播放功能不仅对光驱起作用，而且对其他驱动器也起作用，这样很容易被黑客用来执行黑客程序。为了系统安全起见，建议关闭自动播放功能，请写出工作流程并截图。

2．除了系统自带的端口查看工具 Netstat 外，互联网上还有很多第三方的查看工具，操作简单，界面友好，如 Tcpview 等。请从互联网上找到一款端口查看软件，并熟悉其使用方法，给大家讲解一下。

任务 2　网络服务安全配置

活动 1　Web 服务安全设置

【任务描述】

齐威公司准备在刚刚配置好的 Windows 2003 上安装一台 Web 服务器，发布公司的网站。通过网络学习，网管员小齐了解到可以用微软提供的 IIS6.0 组件，并可以通过安全设置打造一个安全的 Web 服务器。

【任务分析】

小齐通过查看微软中国的官方在线帮助网站了解，IIS6.0 并没有作为默认组件安装，需要先安装，然后再进行安全配置。

【任务实战】

1. IIS 的安装

步骤 1　运行"控制面板"中的"添加删除程序"，选择"添加/删除 Windows 组件"，进入"Windows 组件向导"对话框，选中"应用程序服务器"复选框，单击"详细信息"按钮，如图 1-28 所示。

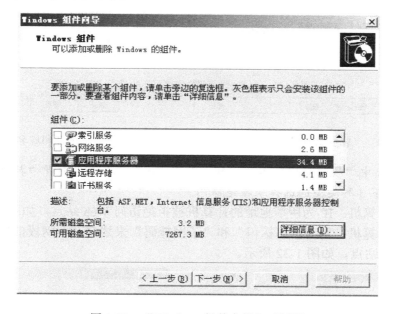

图 1-28　"Windows 组件向导"对话框

步骤 2　单击"下一步"按钮，进入"正在配置组件"对话框。

步骤 3　将 Windows Server 2003 的光盘放入光驱中，单击"确定"按钮，完成组件的安装。

2. 设置 IIS 安全

（1）IP 地址限制。通过 IP 地址及域名限制，用户可禁止某些特定的计算机或者某些区域中的主机对自己的 Web 和 FTP 站点及 SMTP 虚拟服务器的访问。当有大量的攻击和破坏来自于某些地址或者某个子网时，使用这种限制机制是非常有用的。不过，进行 IP 地址及域名限制的首要条件是用户必须知道网络黑客的计算机使用哪些 IP 地址或属于哪些网络区域，否则无法进行限制。对基于 Internet 的信息服务器，站点接受来自于各方的访问，用户很难进行地址限制。一般来说，只有基于企业内部网络的信息服务器才使用 IP 地址及域名进行安全保护。

步骤 1 选择 Web 站点，单击鼠标右键，选择"属性"，打开"站点属性"对话框，选择"目录安全性"选项卡，打开如图 1-29 所示的对话框。

步骤 2 单击"IP 地址和域名限制"选择区域的"编辑"按钮，打开如图 1-30 所示的"IP 地址和域名限制"对话框。

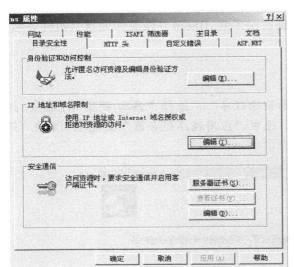

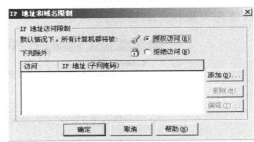

图 1-29 "Web 站点属性"对话框   图 1-30 "IP 地址和域名限制"对话框

步骤 3 选中"授权访问"单选按钮，单击"添加"按钮，打开"拒绝访问"对话框。可通过以下 3 种类型的选择来拒绝访问。

① 一台计算机：IP 为所填地址的计算机被拒绝访问 Web 站点，如图 1-31 所示。

② 一组计算机：用"网络标识"和"子网掩码"来规定某个网段的所有计算机被拒绝访问 Web 站点，如图 1-32 所示。

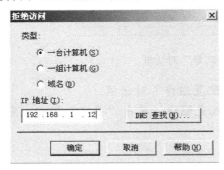

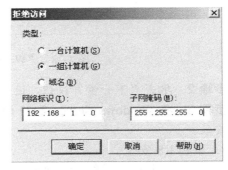

图 1-31 根据 IP 地址拒绝一台计算机   图 1-32 根据 IP 地址段拒绝一组计算机

③ 域名：以域名标识的某台计算机被拒绝访问 Web 站点，如图 1-33 所示。

通过这些方式限定的计算机都会在"IP 地址和域名限制"对话框中的空白处显示，所选择的"授权访问"的含义是除了在空白处显示的这些计算机外，其余计算机被授权访问 Web 站点，即在空白处显示的计算机是不能访问站点的。

相反，"拒绝访问"就是除了空白处显示的计算可以访问以外，其余的计算机都不能访问。"拒绝访问"项的设置方式和内容与"授权访问"相同。

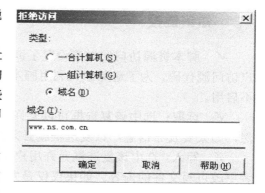

图 1-33　根据域名拒绝计算机

（2）端口限制。网络访问的各种服务基本上都可以通过端口的方式发送接收请求，如 FTP 常用的端口是 21，Web 常用的是 80 等，因此可以通过修改默认的端口号来提高服务的安全性。

具体操作步骤是选择"网站属性"对话框的"网站"选项卡，如图 1-34 所示。

将"TCP 端口"项的默认端口 80 修改成其他的端口就可以了。

提示：用户在访问修改了端口的 Web 站点时，需要在原有的地址后输入端口号。如果不修改端口号，可以在 URL 地址处直接输入"http://www.xxgl.com.cn"，修改端口后则必须输入"http://www.xxgl.com.cn：修改的端口号"。

（3）访问权限。

① Web 目录访问权限控制。打开 IIS 管理器，选择建立的网站，单击鼠标右键，选择"属性"，弹出"网站属性"对话框。选择"主目录"选项卡，一般情况下只选中"记录访问"、"读取"复选框。在下面的"应用程序设置"区域进行以下设置：应用程序名设置为"默认应用程序"；执行权限设置为"纯脚本"；应用程序池设置为"共用的"，如图 1-35 所示。

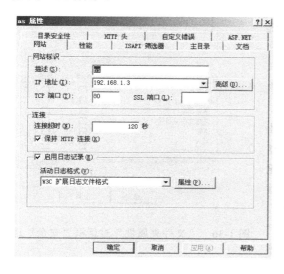

图 1-34　"网站属性"对话框"网站"选项卡

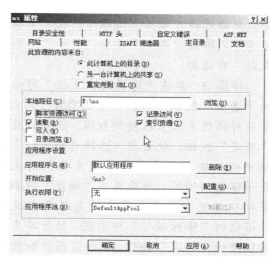

图 1-35　"网站属性"对话框"主目录"选项卡

✓ 脚本资源访问：如果设置了读取或写入权限，那么，选中该复选框可以允许用户访问源代码，为了避免他人利用脚本漏洞发动恶意攻击，或暴露数据库的位置，一般不启用。

✓ 读取：选中该复选框可以允许用户读取或者下载文件或目录及其相关属性。当然，如果要发布信息，该复选框就必须被选择。

✓ 写入：选中该复选框允许用户将文件上传到 Web 服务器上已启用的目录中，或者更改可写文件的内容。如果仅仅是发布消息，那么，就不应当选中该复选框；否则，用户将拥有向 Web 网站文件夹中写入文件和程序的权限，无疑将对系统安全造成重大影响。

✓ 目录浏览：由于借助目录浏览可以显示 Web 网站的目录结构，进而判断 Web 数据库和应用程序的位置，从而极易导致恶意攻击的发生，给网站安全带来不良影响。因此，除非特别需要，否则不要选中该复选框。

✓ 记录访问：借助该日志文件，我们可以对 Web 网站的访问进行统计和分析。因此，设置该选项有益于系统安全。

② 文件和文件夹的访问权限控制。

提示： 这是针对将 Web 服务器安装在 NTFS 分区上的 IIS 设置。

步骤 1 选择要访问的文件或文件夹，单击鼠标右键，选择"属性"打开"文件夹属性"对话框，选择"安全"选项卡，如图 1-36 所示。

步骤 2 在"组或用户名称"列表框中选择访问该文件或文件夹的用户，然后在"用户权限"列表框中设置该用户的权限。另外可以通过 NTFS 分区格式的审核功能来实现访问控制。即在"文件夹属性"对话框中，单击"高级"按钮，打开如图 1-37 所示的对话框，然后选择"审核"选项卡。在"审核"选项卡中，单击"添加"按钮，打开"选择用户或组"对话框。

步骤 3 单击"选择用户或组"对话框中的"高级"按钮，弹出"审核项目"对话框，在该对话框中设置相应的权限。设置好后单击"确定"按钮，就会在"选择用户或组"对话框中的"输入要选择的对象名称"列表框里显示审核的项目，然后单击"确定"按钮。该审核项目便会在"文件夹的高级安全设置"对话框的"审核项目"中出现，然后单击该对话框中的"确定"按钮，则特定用户和组的审核功能就设置成功了。

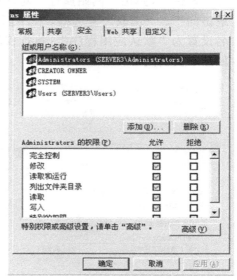

图 1-36 "文件夹属性"对话框"安全"选项卡

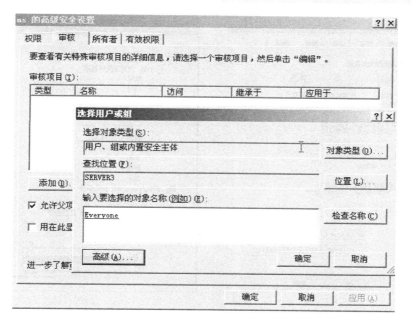

图 1-37　"审核"选项卡

活动 2　Web 浏览器安全设置

【任务描述】

现在无论是公司办公，还是日常生活，人们都无法离开网络了。网上购物、收发邮件、在线视频等使人们更加地离不开浏览器了，因此浏览器的安全对人们的生活和工作至关重要。

【任务分析】

为了提升浏览器的安全性，可以直接对浏览器进行设置，也可以通过第三方软件进行设置，本任务以 IE8.0 浏览器为例进行设置。

【任务实战】

1．了解浏览器的安全级别

IE8.0 浏览器安全级别的高低是以用户通过浏览器发送数据和访问本地客户资源的能力高低来进行区分的，通常定义了 3 个级别，分别是高、中高、中，并提供了 4 类访问对象分别是 Internet、本地 Intranet、可信站点和受限站点。另外用户可根据自己的需要进行添加。

打开 IE 浏览器，单击"工具"菜单，选择"Internet 选项"，弹出如图 1-38 所示的"Internet 选项"对话框，选择"安全"选项卡，安全级别和访问对象设置如图 1-38 所示。

2．用户自定义安全级别

如果用户想自己设置安全级别，可单击"自定义级别"按钮，弹出如图 1-39 所示的"安全设置"对话框。

在"重置自定义设置"区域中"重置为"下拉列表中选择需要更改的安全级别。

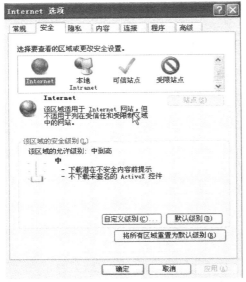

图 1-38　"安全"选项卡　　　　　图 1-39　"安全设置"对话框

3．SmartScreen 筛选器设置

Smartscreen 筛选器是 Internet Explorer 8 中的一个功能，可帮助在浏览网页时防范社会工程学钓鱼网站，以及网络诈骗。

？知识链接

✓ 会针对动态更新的已知钓鱼网站列表，检查所访问的网站。

✓ 针对动态更新的已知恶意软件网站列表，检查下载的软件。

✓ 帮助拦截钓鱼网站，以及其他可能包含恶意内容，并可能导致信息泄漏的网站。

SmartScreen 筛选器默认是开启的，如果不小心把它关闭，可以用以下方法把它开启。

步骤 1　选择浏览器"工具"菜单中的"SmartScreen 筛选器"，打开 SmartSrceen 筛选器，如图 1-40 所示。

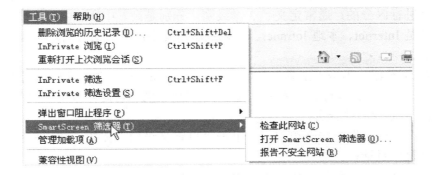

图 1-40　从工具栏打开 SmartScreen 筛选器

步骤 2　在弹出的对话框中选中"打开 SmartScreen 筛选器（推荐）"单选按钮，如图 1-41 所示。

4．删除浏览的历史记录

为了加快浏览速度和保护用户的隐私数据，用户应该养成定期删除浏览的历史记录的习惯。方法是选择"工具"菜单中的"删除浏览的历史记录"，如图 1-42 所示。

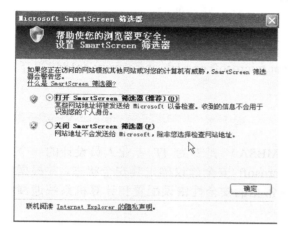

图 1-41　开启 SmartScreen 筛选器

图 1-42　删除浏览的历史记录

【任务拓展】

一、理论题

1．请分析在安装 IIS 时为什么最好不要安装 Internet 服务管理器（HTML）、SMTPService 和 NNTPService、脚本组件？

2．请简单叙述一下从哪几方面对 IIS 进行安全加固？

二、实训

1．设置 IE 浏览器来禁止病毒通过浏览器进入系统。

2．利用如"360 安全卫士"等第三方工具来保护 IE 浏览器。

 # 任务3　检查与防护漏洞

系统漏洞是指应用软件或操作系统软件在逻辑设计上的缺陷或在编写时产生的错误，这个缺陷或错误可以被不法者或者计算机黑客利用，通过植入木马、病毒等方式来攻击或控制整个计算机，从而窃取计算机中的重要资料和信息，甚至破坏系统。

活动 1　利用 MBSA 检查常见的漏洞

【任务描述】

小齐的安全防范意识很强，给服务器安装了杀毒软件和防火墙等防护措施，但是他

忽略了一个重要环节：不管什么操作系统或者软件产品都是存在设计缺陷和漏洞的，随时都有可能被黑客利用。

【任务分析】

因此定期地对操作系统进行体检是非常必要的，对于 Windows 操作系统可以使用微软公司提供的一款名为"系统漏洞检测工具（MBSA）"的小软件对系统进行扫描，可以找出系统存在的漏洞并给出分析报告，指导我们修补漏洞。

【任务实战】

1．工具的获取及安装

步骤1 到微软的官方网站http://technet.microsoft.com/zh-cn/security/cc184923 下载该软件。

 知识链接

Microsoft Baseline Security Analyzer （MBSA） 是专为 IT 专业人员设计的一个简单易用的工具，可帮助中小型企业根据 Microsoft 安全建议确定其安全状态，并根据结果提供具体的修正指南。使用 MBSA 检测常见的安全性错误配置和计算机系统遗漏的安全性更新，改善您的安全管理流程。

步骤2 按照"安装向导"的提示完成安装。

提示： MBSA 软件只能在 Windows 2000/Windows XP/Windows 2003 系统上运行，而且本软件在使用的时候需要计算机能够上网，因为在扫描时该软件要连接微软的官方网站收集最新的补丁信息，下载脚本文件。

步骤3 软件安装完成后，在"程序"菜单中显示 Microsoft Baseline Security Analyzer 2.2 ，表示 MBSA 成功安装。

步骤4 打开 MBSA 工具主页面。

安装完成后，依次选择"开始"→"程序"→"Microsoft Baseline Security Analyzer 2.2"，或双击桌面图标，即可弹出 MBSA 的主页面，如图 1-43 所示。

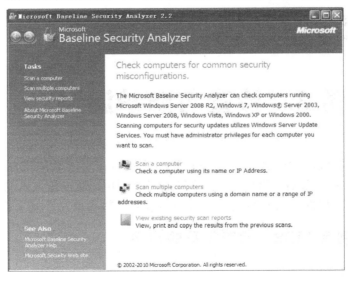

图 1-43　MBSA 主界面

步骤 5　参数设置，单击 MBSA 主界面中的"**Scan a computer**"菜单，弹出"Which computer do you want to scan"对话框，如图 1-44 所示。以使用该工具扫描一台计算机为例介绍该工具的使用方法和过程。

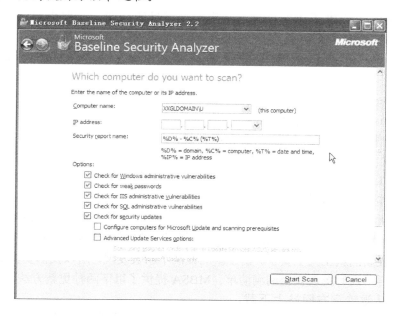

图 1-44　"Which computer do you want to scan"对话框

要想让 MBSA 成功扫描计算机，需在此对话框中进行正确地参数设置：

① 设定要扫描的对象。

告诉 MBSA 要扫描的计算机是扫描成功的基础。MBSA 提供以下两种方法。

方法 1：在"Computer name"文本框中输入计算机名称，格式为"工作组名\计算机名"。

默认情况下，MBSA 会显示运行 MBSA 的计算机的名称。

提示：如图 1-44 所示，"XXGLDOMAIN"是笔者运行 MBSA 的计算机所属的工作组名称，"U"是计算机名称。

方法 2：在"IP address"文本框中输入计算机的 IP 地址。

在此文本框中允许输入在同一个网段中的任意 IP 地址，但不能输入跨网段的 IP，否则会提示"Computer not found（计算机没有找到）"的信息。

② 设定安全报告的名称格式。

每次扫描成功后，MBSA 会将扫描结果以"安全报告"的形式自动地保存起来。MBSA 允许用户自行定义安全报告的文件名格式，只要在"Security report name"文本框中输入文件格式即可。

提示：MBSA 提供两种默认的名称格式："%D% – %C%（%T%）"（域名—计算机名（日期戳））和"%D%—%IP%（%T%）"（域名-IP 地址（日期戳））。

③ 设定扫描中要检测的项目。

MBSA 允许检测包括 Office、IIS 等在内的多种微软软件产品的漏洞。在默认情况下，无论计算机是否安装了以上软件，MBSA 都要检测计算机上是否存在以上软件的漏洞。这不但浪费扫描时间，而且影响扫描速度。用户可以根据自身情况进行选择，对于一些没有安装的软件可以不选，例如，若没有安装 SQL Server，则可不选中"Check for SQL administrative vulnerabilities"复选框，这样能缩短扫描时间，提高扫描速度。基于这点考虑，MBSA 提供了让用户自主选择检测项目的功能。只要用户选中（或取消）"Options"中某个复选框，就可让 MBSA 检测（或忽略）该项目。

提示：允许用户自主选择的项目只有"Check for Windows administrative vulnerabilities"（检查 Windows 的漏洞）、"Check for weak passwords"（检查密码的安全性）、"Check for IIS administrative vulnerabilities"（检查 IIS 系统的漏洞）、"Check for SQL administrative vulnerabilities"（检查 SQL Server 的漏洞）4 项。至于其他项目（如 Office 软件的漏洞等）MBSA 会强制扫描。

④ 设定安全漏洞清单的下载途径。

MBSA 的工作原理：以一份包含了所有已发现的漏洞的详细信息（如什么软件隐含漏洞、漏洞存在的具体位置、漏洞的严重级别等）的安全漏洞清单为蓝本，全面扫描计算机，将计算机上安装的所有软件与安全漏洞清单进行对比。如果发现某个漏洞，MBSA 就会将其写入到安全报告中。因此，要想让 MBSA 准确地检测出计算机上是否存在漏洞，安全漏洞清单的内容是否是最新的就至关重要了。由于新的漏洞不断被发现，所以我们要像更新防病毒软件的病毒库一样，及时更新安全漏洞清单。MBSA 提供了以下两种更新方法。

方法 1：从微软官方网站上下载。

微软会在它的官方网站上及时发布最新的安全漏洞清单，所以 MBSA 被默认设置为每一次扫描时自动链接到微软官方网站下载最新的安全漏洞清单。此方法适用于能连入 Internet 的计算机用户。

方法 2：从 SUS 服务器上下载。

有些局域网中架设了 SUS（Software Update Services，软件升级服务）服务器，所以此类用户可以选择此方法下载最新的安全漏洞清单，只要选中"Use SUS Server"复选框，并在其下的文本框中输入 SUS 的地址即可。

步骤 6 用户根据自身情况设置好各项参数后单击"Start Scan"菜单，将弹出"Scanning"对话框，MBSA 将开始扫描指定的计算机，并经过一段时间后弹出扫描结果，如图 1-45 所示，并根据报告的扫描结果进行漏洞修复。

提示：扫描结果中会出现不同类型的 4 种图标来提示我们。它们的意义如下。

绿色图标：表示该项目已经通过检测。

红色（或黄色）图标：表示该项目没有通过检测，即存在漏洞或安全隐患。

蓝色图标：表示该项目虽然通过了检测但可以进行优化，或者是由于某种原因

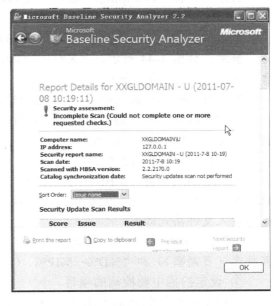

图 1-45 扫描结果窗口

MBSA 跳过了其中的某项检测。

白色图标：表示该项目虽然没有通过检测，但问题不很严重，只要进行简单的修改即可。

步骤 7　查看扫描结果的漏洞修补提示。

以笔者的计算机为例，第 2 个红色图标提示。

File System：为文件系统问题，后面给出了具体解释为"并不是所有的分区都是 NTFS 分区格式"，如图 1-46 所示。单击"Result details"链接弹出具体的结果细节，如图 1-47 所示，可知本台计算机的 D 盘是 FAT32 的文件结构。单击"How to correct this"链接弹出一个具体解决这个漏洞的办法的页面，如图 1-48 所示。

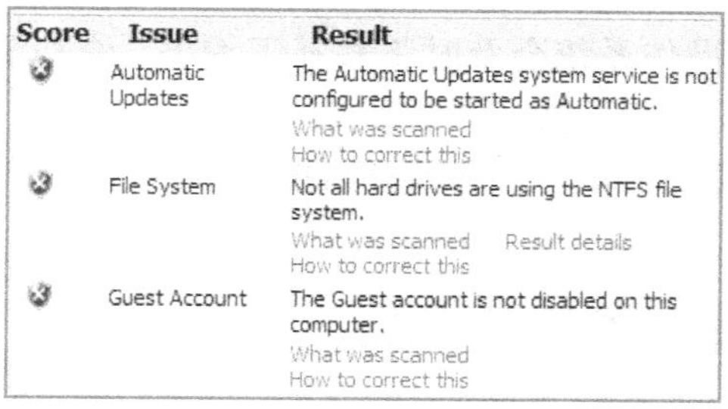

图 1-46　红色图标提示窗口 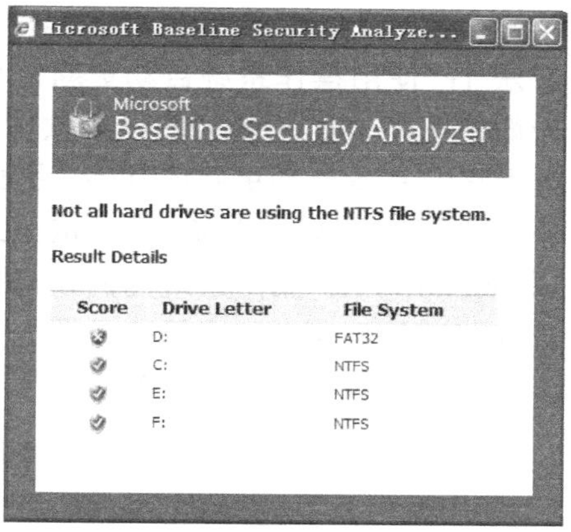　　　　　　图 1-47　具体细节窗口

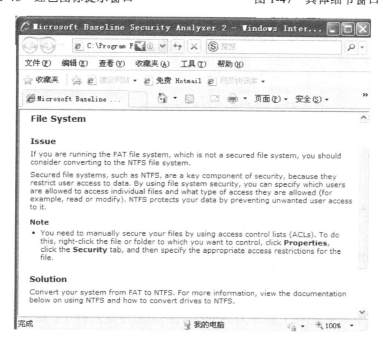

图 1-48　解决漏洞窗口

【任务描述】

虽然 MBSA 能帮人们检测出系统的漏洞，但是不能帮人们修复漏洞，有没有好的办法修复漏洞呢？

【任务分析】

对于服务器操作系统如 Windows 2003、Windows 2008，人们可以利用系统自带的自动更新功能修复漏洞。对于 Windows XP、Windows Vista 等个人版操作系统，既可以采用系统自带的自动更新功能，也可以采用更为人性化和方便的第三方漏洞修复软件，如 360 安全卫士。

【任务实战】

方法 1：使用操作系统自动更新修复漏洞。

一般情况下，比较著名的系统软件都会不定期地发布补丁。对于 Windows 操作系统，由于它们具备自动更新的功能，因此只要微软发布补丁程序，而且操作系统的自动更新设置为开启状态并连接上了 Internet，则操作系统会及时下载补丁程序，修补漏洞。

以 Windows XP 操作系统为例，进行自动更新配置，具体步骤如下。

打开"开始"菜单，选择"设置"→"控制面板"，在新开启的窗口中双击"自动更新"，打开如图 1-49 所示的对话框，查看当前计算机的自动更新配置。

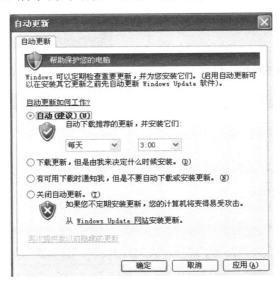

图 1-49　"自动更新"对话框

方法 2：使用第三方软件进行更新（以 360 安全卫士为例）。

通过网络下载 360 安全卫士，按步骤安装完成后，选择"修复漏洞"选项卡，360 安全卫士会对系统的漏洞情况进行扫描，如图 1-50 所示。安全卫士并不是把所有的补丁都让用户下载，而是把补丁划分为高危补丁和功能性更新补丁，高危补丁是 360 安全卫士强烈建议用户必须打的，而功能性补丁是 360 安全卫士建议可以不打的，而且使用 360 安全卫士打补丁比从微软官方网站下载有一个优势，即 360 安全卫士的服务器先要测试这些补丁，这些补丁没有问题，才让用户去安全地打补丁。

提示：功能性补丁不打并不影响系统的安全性。

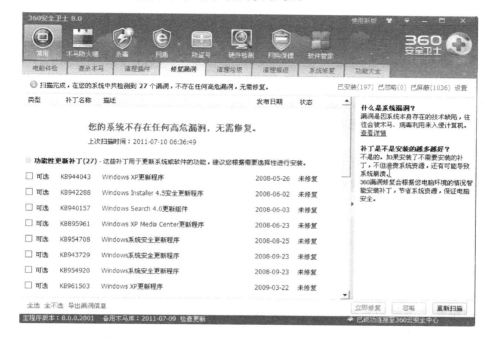

图 1-50　利用 360 安全卫士修补漏洞

【任务拓展】

一、理论题

1．什么是系统漏洞？

2．系统漏洞有哪些危害？

二、实训

利用 MBSA 对远程单台主机进行扫描（操作提示：① 在目标计算机上以 Administrator 账户或 Administrators 组中的成员登录系统，并开启 Guest 账户；② 将 Guest 账户添加到 Administrators 组中；③ 修改目标计算机组策略，使 Guest 账户拥有远程访问权限）。

 任务4　操作系统补丁更新服务器配置

近来公司有很多员工的机器被蠕虫病毒频繁地攻击，小齐到用户那里一看，根本原因都是没有及时地更新 Windows 操作系统补丁造成的。虽然很多用户安装了 360 安全卫士，但是由于用户安全意识较差，大部分用户没有良好的安全意识，根本不打补丁，给整个网络的安全带来了极大的隐患。

活动 1   WSUS 的部署

【任务描述】

鉴于公司补丁管理的无效状态，小齐决定看看有没有什么好的办法给公司内部的计算机打补丁，并进行补丁管理。

【任务分析】

由于公司都是 Windows 操作系统，小齐访问了微软中国网站了解到微软正好有这么一款软件 WSUS，用来进行补丁的分发和管理，小齐决定就用它了。

【任务实战】

步骤 1   登录微软网站下载 WSUS3.0 sp2。

WSUS3.0 sp2 是免费软件，因此可以去微软的官网直接下载，也可以去各大软件下载网站下载。

？ 知识链接

WSUS 简介

WSUS 的全称是 Microsoft Windows Server Update Services（WSUS），顾名思义它是专门提供补丁更新的服务，因此安装 WSUS 服务的计算机就称为 WSUS 服务器。WSUS 服务的最新版本是 WSUS3.0。通过在网络中配置 WSUS 服务器，所有 Windows 的更新补丁都会集中下载到这台服务器上，其他的计算机如果需要更新补丁，就可以直接连接到这台 WSUS 服务器更新补丁，而不必连接到速度比较慢的 Windows Update 站点上了。这样，升级操作系统补丁的时间可以缩短到几分钟，既节省了资源，又提高了效率。WSUS 可以完成以下任务：

✓ 从 Microsoft 获取更新补丁。

✓ 批准、测试和分发更新补丁。

步骤 2   准备 WSUS3.0 的安装。

安装 WSUS 3.0 之前，需要在你的机器上安装以下组件。当这些组件安装完成后需要重新启动机器。WSUS3.0 可以在 Windows Server 2003 家族操作系统上安装。以下是需要安装的组件：

① Internet 信息服务（IIS）6.0。

② 后台智能传送服务（BITS）2.0。

③ Microsoft .NET Framework 2.0。

④ 管理控制台（MMC）3.0。

⑤ Microsoft Report Viewer。

以上组件都可以去微软的官方网站直接下载安装。

步骤 3   WSUS 服务器的安装。

（1）做好安装前的准备工作后我们就可以进行 WSUS3.0 的安装了，如图 1-51 所示，启动 WSUS 3.0 的安装程序后出现了安装向导。

（2）安装模式选择，如图 1-52 所示，选择"包括管理控制台的完整服务器安装"，这样才能在此计算机上安装 WSUS 服务器。

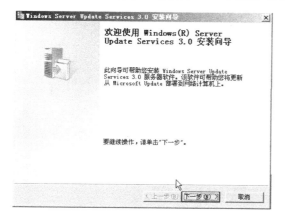

图 1-51　安装向导

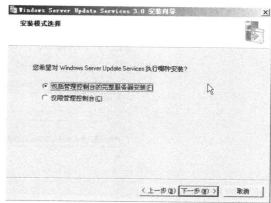

图 1-52　安装模式选择

（3）选择安装模式后，单击"下一步"按钮。

（4）选择更新源，如图 1-53 所示，在安装向导的"选择更新源"对话框中，可以指定客户端获得更新的位置。如果选中"本地存储更新"复选框，则会更新存储在 WSUS 3.0 服务器上，需要在文件系统中选择一个用于存储更新的位置。如果不在本地存储更新，客户端计算机将连接到 Microsoft Update 以获取已审批的更新。请将存储位置放到系统盘以外的分区上存放，同时该分区容量推荐不要少于 20GB，然后单击"下一步"按钮。

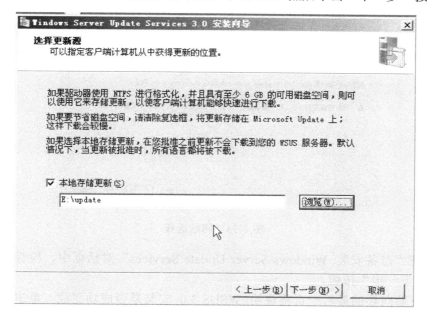

图 1-53　选择更新源

（5）选择 WSUS 的数据库，如图 1-54 所示，本例 WSUS 后台数据库选用自带的 WMSDE，设置数据库的存储目录为 E:\update。也可以选择本地或远程的 SQL Server 数据库，只需要选择第二项或第三项并填写数据库服务器的地址。

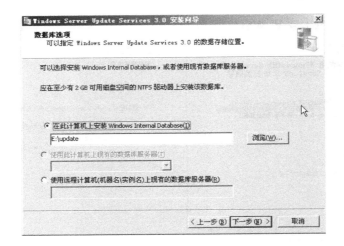

图 1-54　数据库选项

（6）在"网站选择"对话框中，指定 WSUS 3.0 将使用的网站，如图 1-55 所示。如果要在端口 80 上使用默认 IIS 网站，请选择第一个选项。如果端口 80 上已有一个网站，可通过选择第二个选项在端口 8530 上创建备用站点。部署时选择开通 8530 端口，建立一个新 IIS 站点（强烈建议使用此选项，建议在默认网站上不加载任何 Web 应用程序）。

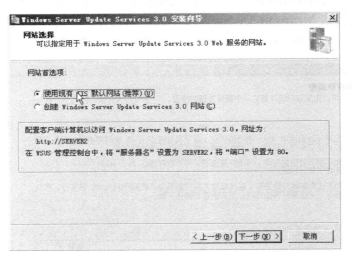

图 1-55　网站选择

（7）在"准备安装 Windows Server Update Services"对话框中，检查各项选择，然后单击"下一步"按钮。

（8）安装向导的最后一页将说明 WSUS 3.0 安装是否成功完成。单击"完成"按钮后，将自动运行配置向导。

步骤 4　WSUS 服务器的配置及应用。

在完成了 WSUS 的安装后，安装程序会自动跳转到"WSUS 的配置向导"，根据此向导，就可以完成 WSUS 的配置了。

（1）询问服务器防火墙是否允许客户端访问服务器，能够将服务器连接到上游服务器，用户是否具有代理服务器凭证。

（2）询问是否加入 Microsoft Update 改善计划。

（3）选择上游服务器，此处有两个选项，如图 1-56 所示。第一项是"从 Microsoft Update 进行同步"，就是从微软的更新网站进行下载补丁并保持同步更新，当公司的内网中只有一台 WSUS 服务器的时候我们选择这个选项，当公司有两台以上 WSUS 服务器部署的时候，可以让第一台指向微软的更新站点，而其他的 WSUS 服务器选择第二项，指向第一台 WSUS 服务器，这样就加快了更新速度。

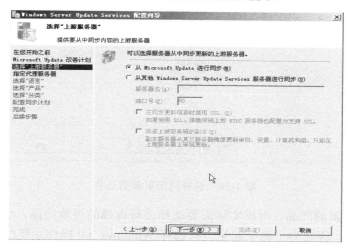

图 1-56　选择上游服务器

（4）设置代理服务器。没有代理服务器就不设置，然后就可以开始连接微软的 Update 服务器进行连接了。

（5）连接到上游服务器，从 Windows Update 中下载更新信息，连接时间视网速、时间段而定，这里只能耐心等待连接完成了，如图 1-57 所示。

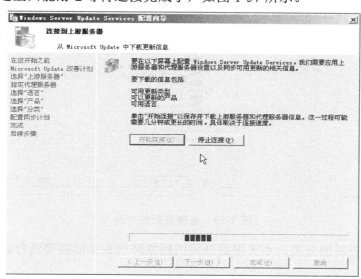

图 1-57　开始进行连接

（6）连接完成后，出现选择更新文件的语种，选择"中文（简体）"，如图1-58所示。

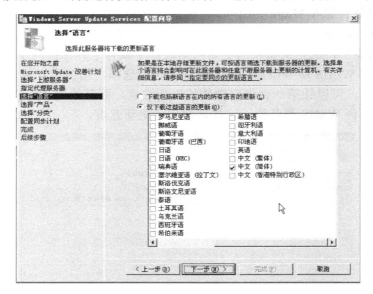

图1-58　选择同步更新的语言

（7）选择更新的产品，根据实际需要选择公司内部的微软产品，小齐从来没有接触过WSUS服务器，因此为了稳妥起见，只选择Windows XP操作系统的更新，如图1-59所示的产品列表中包括了微软所有的产品，从操作系统到应用软件都可以选择。

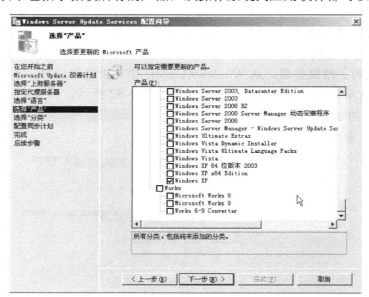

图1-59　选择更新的产品

（8）选择更新的分类，小齐根据公司的网络环境和实际需要进行选择，如图1-60所示。

（9）设置同步计划，小齐选择手动，第一次选择手动为好，选择手动一会就可以直接更新，当服务器测试稳定后，就可以修改同步计划，让服务器自动在某个时间段自动进行同步更新。

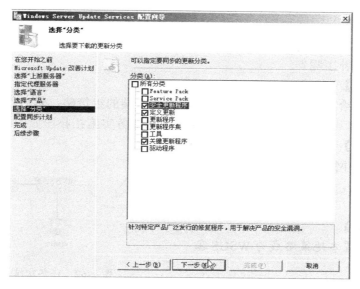

图 1-60   选择下载更新的分类

（10）现在已基本完成了 WSUS 3.0 的初始配置，这里有两个选项，默认就是选上的，不用做任何的更改，单击"完成"按钮。

（11）自动运行 WSUS 的管理控制台，并自动进行同步更新，根据网速和时间段时间不定，如图 1-61 所示。

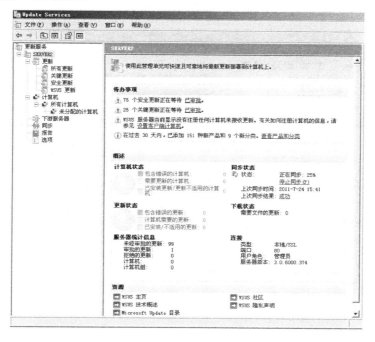

图 1-61   正在进行同步更新

活动 2　利用 WSUS 进行补丁分发

【任务描述】

小齐已经顺利地完成了 WSUS 补丁服务器的安装，并且完成了更新的同步，那么如何给客户端打补丁呢？

【任务分析】

要想成功地给客户端打补丁，首先要设置客户端的组策略，然后用 WSUS 对计算机进行分组管理，最后进行 WSUS 的更新审批。任务实施拓扑图如图 1-62 所示。

【任务环境】

齐威公司内网管理采用的是典型的工作组工作模型，只安装了一台 WSUS 服务器。

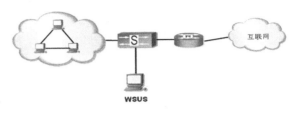

【任务实战】

步骤 1　配置本地策略成为 WSUS 客户端。

如何让客户端知道谁是它的补丁服

图 1-62　任务实施拓扑图

务器呢？在工作组环境下可以通过修改计算机的本地策略使其成为 WSUS 的客户端。小齐一想每台都要设置很麻烦，但是又想到这样以后自己的工作就轻松多了，他决定还是完成这个工作，小齐先找了一台身边的 Windows XP 系统的机器试一试。

（1）选择"开始"→"运行"，输入"gpedit.msc"，打开组策略窗口。

（2）选择"计算机配置"→"管理模板"→"Windows 组件"→"Windows Update"，并选择"配置自动更新"，如图 1-63 所示。

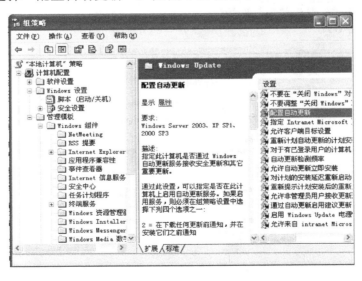

图 1-63　选择"配置自动更新"

（3）在"配置自动更新属性"窗口中，选择"已启用"，并单击"确定"按钮，如图 1-64 所示。

（4）在"指定 Intranet Microsoft 更新服务器位置属性"窗口中，选择"启用"，并在"设置检测更新的 Intranet 更新服务："文本框中输入"http://192.168.1.21"，在"设置 Intranet 统计服务器："文本框中输入"http://192.168.1.21"，并单击"确定"按钮。

（5）关闭组策略窗口。

（6）选择"开始"→"运行"，输入 wuauclt.exe /detectnow 命令，立即启动 WSUS 服务。

步骤 2 用 WSUS 对计算机进行分组管理。

分组管理可以把 WSUS 客户机放入不同的组中进行管理，每个组可以有不同的补丁管理策略，这些对于管理工作的细化很有好处。如图 1-65 所示，WSUS 安装时默认创建

图 1-64 启用自动更新

了两个组，一个是"所有计算机"组，一个是"未分配的计算机"组。默认情况下每个 WSUS 的客户机都会属于这两个组。

（1）右键单击图 1-65 中的"所有计算机"，选择"添加计算机组"弹出对话框要求输入组名，如图 1-65 所示，为计算机组命名为"common"。这样就创建出一个计算机组，然后用同样的方法再创建一个名为"server"的计算机组。common 组代表普通的客户机，而 server 组代表服务器。

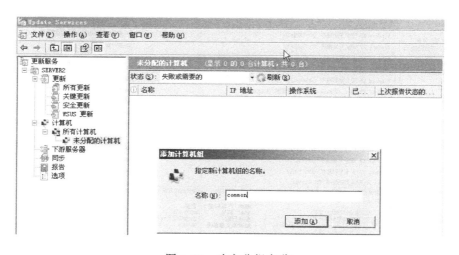

图 1-65 建立分组名称

（2）在创建完计算机组后，如何把刚才加入的客户机放入刚才创建的两个组中呢？如图 1-66 所示，在需要的计算机名字上右击选择"更改计算机成员身份"，就会出现如图 1-66 一样的对话框。这样就完成了计算机的分组。

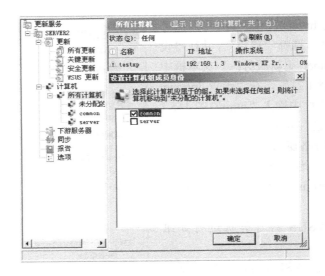

图 1-66　为计算机选择分组

步骤 3　WSUS 更新审批。

选中需要安装的补丁，单击鼠标右键选择"审批"，在打开的"审批更新"对话框中选择需要更新的计算机组，右击选择"已审批进行安装"，单击"确定"按钮进行程序的安装，这样就完成了补丁文件的审批工作，如图 1-67～图 1-69 所示。

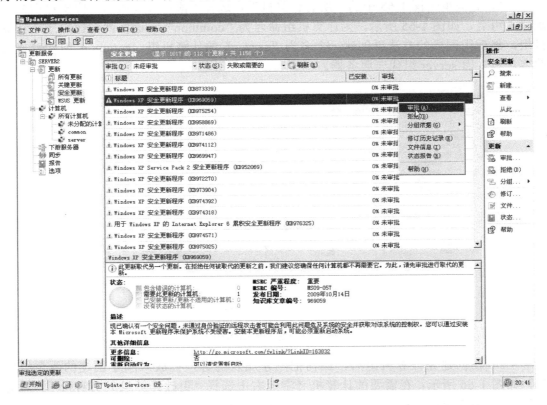

图 1-67　选择要分发的补丁审批

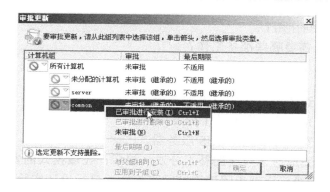

图 1-68 选择补丁分发的组

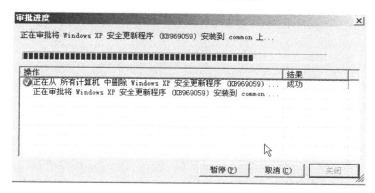

图 1-69 进行安装程序的安装

步骤 4 *客户端测试。*

首先在客户机上可以运行 gpupdate /force 命令来加速组策略的生效，否则域成员服务器或工作站等候组策略生效可能最多需要 90min。然后可以运行 wuauclt /detectnow 命令，这样客户机可以立即连接到 WSUS 服务器而不需要等待 20min 的延时，过程如图 1-70 所示。

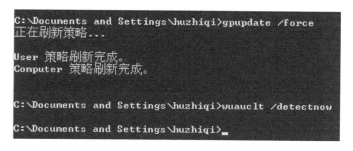

图 1-70 客户端加快策略的执行

做完以上的操作以后耐心地等待一段时间，客户机的右下角就会出现提示，告诉我们有新的更新需要安装，至此，我们就完成了 WSUS 服务器的补丁分发。

【任务拓展】

一、理论题

1．什么是 WSUS？

2．WSUS 有哪些作用？

3．安装 WSUS 需要哪些准备工作？

二、实训

1．在工作组下安装并配置 WSUS 服务器。

2．在工作组下完成客户端的补丁分发。

3．在域模式下安装并配置 WSUS 服务器。

4．在域模式下完成对客户端的补丁分发（提示：在域模式的安装和补丁分发，比在工作组下更具有优势，详细步骤请通过网络搜索，自行设计实验）。

5．尝试使用 WSUS 的报表功能。

单元 2

网络病毒和恶意软件的清除与防御

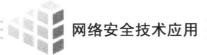

网络安全技术应用

[单元学习目标]

➤ 知识目标

1．了解 ARP 病毒的工作原理
2．掌握 ARP 病毒的常用防御方法
3．了解网络蠕虫病毒的工作原理
4．掌握蠕虫病毒的清除和预防的方法
5．了解恶意软件的工作原理
6．掌握恶意软件的清除方法
7．掌握网络版查毒软件的工作原理

➤ 能力目标

1．具备利用软件和硬件的配置防御 ARP 病毒的能力
2．具备根据故障现象诊断 ARP 病毒攻击的能力
3．具备利用杀毒软件清除蠕虫病毒的能力
4．具备利用软件清除恶意软件的能力
5．具备网络版杀毒软件的安装和部署的能力
6．具备在域环境下部署杀毒软件的能力

➤ 情感态度价值观

1．培养认真细致的工作态度
2．逐步形成网络安全的主动防御意识

[单元学习内容]

随着计算机网络技术的普及及发展，信息对人们来说越来越重要，同时信息面临的威胁也越来越大，计算机网络的安全已成为用户普遍关注的问题，而病毒是计算机系统中最常见的安全威胁。病毒一旦发作，轻则破坏文件，损害系统，重则造成网络瘫痪；恶意软件、黑客程序等破坏性程序也层出不穷，这也给攻击者攻击系统网络、窃取数据提供了便利。操作系统的安全策略设定能很好地保证计算机的安全，但并不能完全防止病毒和恶意软件的入侵，并且随着掌上型移动工具的广泛使用，尤其是 WAP 的应用日益广泛，病毒对手机和无线网络的威胁越来越大，因此用户一方面要掌握当前计算机病毒的防范和清除工作，另一方面要加强对未来病毒发展趋势的研究，保证网络信息安全。

 # 任务1　常见病毒的清除与防御

活动1　认识 ARP 病毒

【任务描述】

通过学习，小齐对于在公司网络管理中遇到的一些小问题基本都能自己排除，但是最近公司的许多计算机莫名奇妙地掉线，公司的网速变得非常慢，这个事情让小齐花费了大量的精力，最近他终于搞明白了，原来是 ARP 病毒在作怪。

【任务分析】

通过模拟 ARP 攻击，了解 ARP 病毒的原理、病毒发作时候的典型现象，掌握基本操作命令来判断是否存在 ARP 病毒攻击并找出病毒源。

【任务实战】

步骤 1　搭建 ARP 攻击的模拟环境。

利用一台 2 层交换机（本任务以神州数码 3950 交换机为例，也可以运行虚拟机完成）和 3 台 PC 组成。按图 2-1 所示拓扑结构图连接设备，并保证网络的连通性。

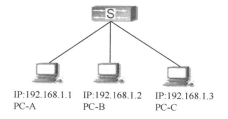

图 2-1　ARP 模拟攻击拓扑图

步骤 2　在 PC-A 上安装模拟 ARP 攻击软件，并运行攻击软件。

有很多基于 ARP 攻击原理的软件，如网络剪刀手、网络执法官，还有许多基于 ARP 攻击原理的网管软件，本节以长角牛网络监控机为例，长角牛网络监控机可以从网上下载。

（1）下载长角牛网络监控机并按照系统提示进行安装。

（2）启动长角牛网络监控机，弹出选择网卡和监控范围的对话框，如图 2-2 所示。单击"添加/修改"按钮，在下面就会出现添加的监控范围，如图 2-3 所示，监控范围为 192.168.1.1.～192.168.1.254。

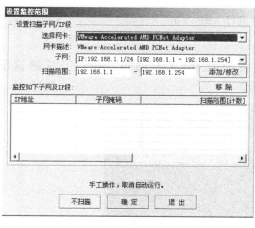
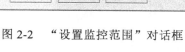

图 2-2　"设置监控范围"对话框

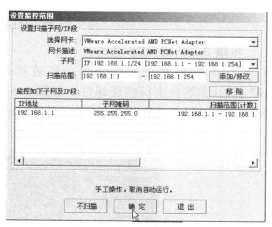

图 2-3　添加完监控范围的结果

（3）添加完监控范围后单击"确定"按钮，进入软件的主页面，如图 2-4 所示。因为本例使用的是试用版，要 2min 后才可以使用。

图 2-4　软件主界面及扫描到的计算机

　　此时在软件主页面上显示的是扫描的结果：MAC 地址、IP 地址、组/主机/用户。我们特别留意主机 192.168.1.3 的 MAC 地址为 00-0C-29-E1-FC-C2，后面要用到。

　　（4）2min 后，就可以进行攻击了，选择要攻击的主机，右击弹出菜单，选择用户权限设置，本任务以选择 192.168.1.2 为例。

　　在"设置权限"区域选择"禁止用户，发现该用户上线即管理"，在"管理方式"区域选择"断开与所有主机 TCP/IP 连接"，最后单击"保存"按钮，就完成了对目标主机的攻击，如图 2-5 所示。

图 2-5　利用权限设置进行 ARP 攻击

　　步骤 3　判断 ARP 攻击。

　　（1）测试网络的连通性，在被攻击主机 192.168.1.2 通过 ping 工具测试到 192.168.1.3 这台主机的连通性，如图 2-6 所示。

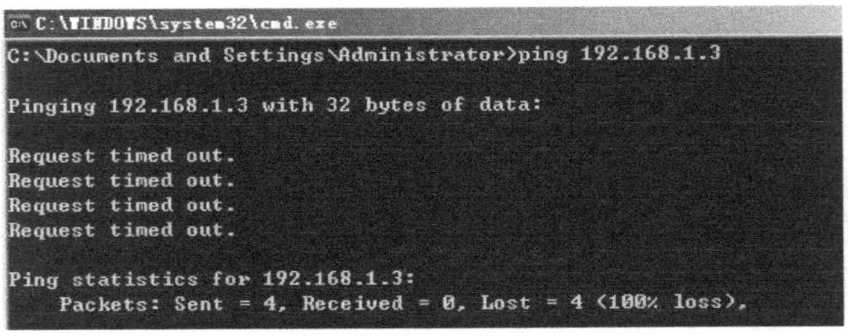

图 2-6　测试被攻击主机的连通性

　　（2）利用命令查看 ARP 缓存来判断是否存在 ARP 攻击或者 ARP 病毒，如图 2-7 所示。

图 2-7　利用命令查看 ARP 缓存

通过观察对比发现：192.168.1.3 真实的 MAC 地址为 00-0C-29-E1-FC-C2，而在被攻击主机的 ARP 缓存中的 MAC 地址却变成了 00-0C-29-8C-91-AF。显然在缓存中的是一个错误的 IP 地址和 MAC 地址的对应关系，由此就判断出这是一个典型的 ARP 攻击。

？ 知识链接

1．ARP 缓存

局域网内计算机的通信，要完全借助于 ARP 缓存表，此表保存着 IP 地址和 MAC 地址的对应关系，并且 ARP 缓存表是动态刷新的。换句话说，ARP 缓存表是有生存时间的。

2．ARP 病毒原理

如果清楚地知道邮政系统怎样把包裹送达目的地，就很容易理解 ARP 协议的处理过程。ARP 同样需要两个信息来完成数据传输，一个是 IP 地址，一个是 MAC 地址。所以当 ARP 传输数据包到目的主机时，就好像邮局送包裹到目的地，IP 地址就是邮政编码，MAC 地址就是收件人地址。ARP 的任务就是把已知的 IP 地址转换成 MAC 地址，这中间有复杂的协商过程，这就好像邮局内部处理不同目的地的邮件一样。我们都清楚邮局也有可能送错邮件，原因很简单，或是搞错了收件人地址，或是搞错了邮政编码，而这些都是人为的；同理，ARP 解析协议也会产生这样的问题，只不过是通过计算机搞错，例如，在获得 MAC 地址时，有其他主机故意顶替目的主机的 MAC 地址，这样就导致数据包不能准确到达。这就是 ARP 欺骗。

活动 2　ARP 病毒的防范

【任务描述】

小齐搞明白公司局域网内有了 ARP 病毒后，从网上找了很多解决方案，但是方法太多，看得小齐眼花缭乱，不知道选择哪个办法好。

【任务分析】

可以通过在每一台计算机都安装软件的方法，也可以通过对 ARP 防御功能的交换机进行设置来防御。

【任务实战】

方法 1：静态绑定 IP 和 MAC 地址。

最常用的方法就是做 IP 和 MAC 静态绑定，在网内把主机和网关都做 IP 和 MAC 绑定。

欺骗是通过 ARP 的动态实时更新规则欺骗内网机器，所以我们把 ARP 全部设置为静态就可以解决对内网 PC 的欺骗，同时在网关也要进行 IP 和 MAC 的静态绑定，这样双向绑定才比较保险。

对每台主机进行 IP 和 MAC 地址静态绑定。

通过命令，arp -s 可以实现 "arp—s IP MAC 地址 "。

例如，在 CMD 窗口模式下输入如下命令：

arp –s 192.168.10.1 AA-AA-AA-AA-AA-AA

如果设置成功会在 PC 上面通过执行 arp -a 看到相关的提示：

Internet Address Physical Address Type

192.168.10.1 AA-AA-AA-AA-AA-AA static（静态）

一般不绑定，在动态的情况下看到的是：

Internet Address Physical Address Type

192.168.10.1 AA-AA-AA-AA-AA-AA dynamic（动态）

对于网络中有很多主机，500 台，1000 台，……，如果每一台都去做静态绑定，工作量是非常大的，而且这种静态绑定，在计算机每次重启后，都必须重新绑定，虽然也可以做一个批处理文件，但是还是比较麻烦的。

方法 2：使用 ARP 防护软件。

目前市场上关于 ARP 类的防护软件比较多，大家使用比较常用的 ARP 工具主要是彩影 ARP 防火墙、360 安全卫士防火墙等。它们除了本身可以检测出 ARP 攻击外，还能对其进行防护。防护的工作原理是使用一定频率向网络广播正确的 ARP 信息，以彩影 ARP 防火墙为例。

彩影 ARP 防火墙的下载地址为 http://www.antiarp.com。它的安装步骤也非常简单，在此只特别说明一点，就是彩影 ARP 防火墙的高级设置。

提示：ARP 攻击软件一般会发送以下两种类型的攻击数据包：

（1）向本机发送虚假的 ARP 数据包。ARP 防火墙可以 100%拦截此种攻击包。

（2）向网关发送虚假的 ARP 数据包。因为网关机器通常不受我们的控制，所以无法拦截此种攻击包。"主动防御"的功能就是"告诉"网关，本机正确的 MAC 地址应该是什么，不要理睬虚假的 MAC 地址。

（3）对于双向 ARP 欺骗和攻击，彩影 ARP 防火墙并不能很好地防御。

选择"工具"→"高级参数设置"→"防御"，"主动防御"区域中"始终启用"最好不要启用，一旦需要启用，防御速度数值设置为 2，如图 2-8 所示。

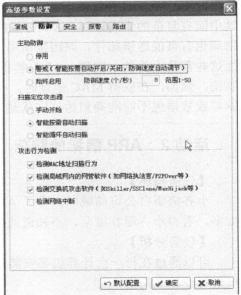

图 2-8 彩影防火墙的高级设置

提示：彩影防火墙在工作的时候，要发送大量 ARP 广播包，因此在中型企业或网络结构比较复杂的企业中不建议使用此软件。

方法 3：使用可防御 ARP 攻击的交换机。

防御 ARP 网络病毒和攻击，最有效的方法是在接入层交换机进行设置，随着网络设备功能的不断发展，很多 2 层交换机都具备了一定的防御 ARP 攻击的能力，本文以神州数码 2 层交换机 3950 为例进行设置（如实验室设备不同，请参看产品手册及官方文档）。

① AM 功能。

AM（Access Management）又称为访问管理，它利用收到数据报文的信息（源 IP 地址或源 IP+源 MAC）与配置硬件地址池（AM pool）相比较，如果找到则转发，反之丢弃。AM pool 是一个地址列表，每一个地址表项对应于一个用户。每一个地址表项包括了地址信息及其对应的端口。地址信息可以有两种：IP 地址（IP pool），指定该端口上用户的源 IP 地址信息；MAC-IP 地址（MAC-IP pool），指定该端口上用户的源 MAC 地址和源 IP 地址信息。当 AM 激活的时候，AM 模块会拒绝所有的 IP 报文通过（只允许 IP 地址池内的源地址成员通过）。

可以在交换机端口创建一个 MAC+IP 地址绑定，放到地址池中。当端口下联主机发送的 IP 报文（包含 ARP 报文）中，所含的源 IP＋源 MAC 不符合地址池中的绑定关系，此报文就被丢弃。配置命令示例如下。

举例：激活 AM 并允许交接口 4 上源 IP 为 192.1.1.2、源 MAC 是 00-01-10-22-33-10 的用户通过。

Switch（Config）#am enable

Switch（Config）#interface Ethernet 0/0/4

Switch（Config-Ethernet0/0/4）#am port

Switch（Config-Ethernet0/0/4）#am mac-ip-pool 00-01-10-22-33-10 192.1.1.2

功能优点：配置简单，除了可以防御 ARP 攻击，还可以防御 IP 扫描等攻击。适用于信息点不多、规模不大的静态地址环境下。

功能缺点：需要占用交换机 ACL 资源，网络管理员配置量大，终端移动性差。

② ARP Guard 功能。

基本原理就是利用交换机的过滤表项，检测从端口输入的所有 ARP 报文，如果 ARP 报文的源 IP 地址是受到保护的 IP 地址，就直接丢弃报文，不再转发，如图 2-9 所示。

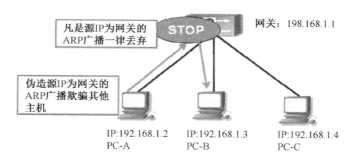

图 2-9　ARP Guard 功能

举例：在端口 Ethernet0/0/1 启动配置 ARP Guard 地址 192.168.1.1（设为网关地址）。

Switch（Config）#interface Ethernet0/0/1

Switch（Config- Ethernet 0/0/1）# arp-guard ip 192.168.1.1

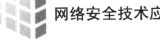
端口 Ethernet0/0/1 发出的仿冒网关 ARP 报文都会被丢弃，所以 ARP Guard 功能常用于保护网关不被攻击。

功能优点：配置简单，适用于 ARP 仿冒网关攻击防护快速部署。

功能缺点：ARP Guard 需要占用芯片 FFP 表项资源，交换机每端口配置数量有限。

③ 端口 ARP 限速。

神州数码系列交换机防 ARP 扫描的整体思路是若发现网段内存在具有 ARP 扫描特征的主机或端口，就切断攻击源头，保障网络的安全。

有两种方式来防 ARP 扫描：基于端口和基于 IP。基于端口的 ARP 扫描会计算一段时间内从某个端口接收到的 ARP 报文的数量，若超过了预先设定的阈值，则会关闭此端口。基于 IP 的 ARP 扫描则计算一段时间内从网段内某 IP 收到的 ARP 报文的数量，若超过了预先设置的阈值，则禁止来自此 IP 的任何流量，而不是关闭与此 IP 相连的端口。此两种防 ARP 扫描功能可以同时启用。端口或 IP 被禁掉后，可以通过自动恢复功能自动恢复其状态。其端口限速示意图如图 2-10 所示。

举例：如图 2-10 所示，在交换机的端口启动 ARP 报文限速功能。

```
Switch (Config) #anti-arpscan enable  //激活 Anti-arpscan
Switch (Config) #anti-arpscan port-based threshold 10  //设置
```
每个端口每秒的 ARP 报文上限
```
Switch (Config) #anti-arpscan ip-based threshold 10  //设置每
```
个 IP 每秒的 ARP 报文上限
```
Switch (Config) #anti-arpscan recovery enable  //开启防网段扫描
```
自动恢复功能
```
Switch (Config) #anti-arpscan recovery time 90  //设置自动恢
```
复的时间为 90s

功能优点：全局激活，无须在端口模式下配置，配置简单。

功能缺点：不能杜绝虚假 ARP 报文，只是适用于对 ARP 扫描或者 Flood 攻击防御，建议和交换机其他功能一起使用。

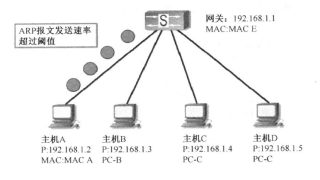

图 2-10　端口限速示意图

【任务拓展】

一、理论题

1．ARP 病毒攻击的原理是什么？

2．ARP 病毒攻击有哪些典型现象？

二、实训

1．下载长角牛网络监控机软件搭建 ARP 攻击环境。

2．进行 IP 和 MAC 地址绑定来阻止 ARP 攻击。

3．利用防 ARP 攻击软件进行防御。

4．利用现有设备并查看设备手册进行 ARP 攻击的防护。

活动 3　网络蠕虫病毒的清除与防御

【任务描述】

2007 年肆虐网络的"熊猫烧香"病毒使数以百万计的计算机用户都被卷进去了。虽然熊猫病毒已经离人们远去，但是以"熊猫烧香"病毒为特点的蠕虫病毒却一直是计算机用户的大敌。

【任务分析】

先了解"熊猫烧香"病毒的特点及危害，掌握查杀蠕虫病毒的方法，掌握"熊猫烧香"病毒的防御方法。

【任务实战】

步骤 1　了解"熊猫烧香"病毒的特点及危害。

"熊猫烧香"病毒其实是一种蠕虫病毒的变种，而且是经过多次变种而来的。由于中毒计算机的可执行文件会出现"熊猫烧香"图案（图 2-11），所以称为"熊猫烧香"病毒。

"熊猫烧香"原病毒只会对 EXE 图标进行替换，并不会对系统本身进行破坏。而大多数用户是受病毒变种的毒害，用户计算机中毒后可能会出现蓝屏、频繁重启，以及系统硬

图 2-11　"熊猫烧香"图案

盘中数据文件被破坏等现象。同时，该病毒的某些变种可以通过局域网进行传播，进而感染局域网内所有计算机系统，最终导致企业局域网瘫痪，无法正常使用。它能感染系统中 exe、com、pif、src、html、asp 等文件，它还能终止大量的反病毒软件进程并且会删除扩展名为 gho 的文件，该文件是系统备份工具 GHOST 的备份文件。gho 文件被删除使用户的系统备份文件丢失，用户将无法用 GHOST 恢复被损坏的操作系统。被感染的用户系统中所有 exe 可执行文件全部被改成熊猫举着三根香的模样。

"熊猫烧香"病毒在硬盘各个分区下生成文件 autorun.inf 和 setup.exe，可以通过 U盘和移动硬盘等方式进行传播，并且利用 Windows 系统的自动播放功能来运行，搜索硬盘中的.exe 可执行文件并感染，感染后的文件图标变成"熊猫烧香"图案。"熊猫烧香"病毒还可以通过共享文件夹、系统弱口令等多种方式进行传播。该病毒会在中毒计算机中所有的网页文件尾部添加病毒代码。一些网站编辑人员的计算机如果被该病毒感染，上传网页到网站后，就会导致用户浏览这些网站时也被病毒感染。

步骤 2　掌握"熊猫烧香"蠕虫病毒的查杀。

对于一些近期出现的肆虐互联网的蠕虫病毒，可以到著名的杀毒软件公司下载各种版本的专杀工具。

步骤3 及时更新系统补丁,因为蠕虫病毒一般都是通过操作系统的漏洞进行传播的,使用专杀工具只能把病毒消灭,但是如果不打系统补丁,计算机就还会感染蠕虫病毒。

步骤4 掌握"熊猫烧香"病毒的预防方法。

① 利用"组策略"编辑器,关闭所有驱动器的自动播放功能。

在运行中输入 gpedit.msc 命令,打开"组策略"编辑器,依次选择"计算机配置"→"管理模板"→"系统",右击右侧窗口中的"关闭自动播放",选择"属性"命令,打开"关闭自动播放 属性"对话框。选中"已启用"单选按钮,再在"关闭自动播放"下拉列表中选择"所有驱动器",如图 2-12 所示。单击"确定"按钮,然后运行 gpupdate 命令,该策略就生效了。

② 修改文件夹选项,可以查看不明文件的真实属性,避免双击恶意程序而中毒。

打开资源管理器,依次选择菜单栏中的"工具"→"文件夹选项"→"查看",取消选中"隐藏受保护的操作系统文件(推荐)"和"隐藏已知文件类型的扩展名"复选框,选中"显示所有文件和文件夹"单选按钮,如图 2-13 所示。

③ 同时 QQ、MSN 等通信软件的漏洞也可能被蠕虫病毒利用,因此,平时也要多留意及时打补丁。

④ 启用 Windows 防火墙保护本地计算机。同时,局域网内用户应尽量避免创建可写权限的共享目录,已经创建共享目录的应该立即停止共享。

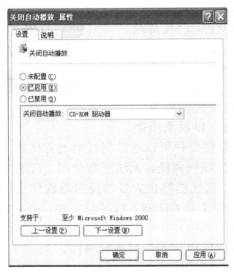

图 2-12 关闭自动播放

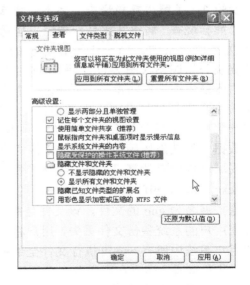

图 2-13 文件夹选项设置

【任务拓展】

一、理论题

1. 蠕虫病毒有哪些危害?

2. 列举一些最近一年来互联网上比较有影响力的病毒。

二、实训

1. 下载"熊猫烧香"的病毒样本,完成"熊猫烧香"病毒的查杀和防御(提示:

最好在虚拟机下完成，并关闭杀毒软件和 360 安全卫士等）。

2．尝试用手工清除的办法来清除"熊猫烧香"病毒。

任务 2　恶意软件的清除与防御

【任务描述】

最近公司员工纷纷向网管小齐反映，在公司和家用的计算机上好像被强行安装了某些软件，而且该软件还不能被卸载；某些窗口会自动弹出来，使人心情很不爽，而且有几个用户反映丢失了文件和密码。

【任务分析】

了解什么是恶意软件、如何清除恶意软件并预防恶意软件。

【任务实战】

步骤 1　了解什么是恶意软件。

（1）恶意软件定义。

网络用户在浏览一些恶意网站，或者从不安全的站点下载游戏或其他程序时，往往会连恶意程序一并带入自己的计算机，而用户本人对此丝毫不知情。直到有恶意广告不断弹出或色情网站自动出现时，用户才有可能发觉计算机已"中毒"。在恶意软件未被发现的这段时间，用户网上的所有敏感资料都有可能被盗走，如银行账户信息、信用卡密码等。这些让受害者的计算机不断弹出色情网站或恶意广告的程序就称为恶意软件或流氓软件。

（2）恶意软件特征。

① 强制安装：指未明确提示用户或未经用户许可，在用户计算机或其他终端上安装软件的行为。

② 难以卸载：指未提供通用的卸载方式，或在不受其他软件影响、人为破坏的情况下，卸载后仍然有活动程序的行为。

③ 浏览器劫持：指未经用户许可，修改用户浏览器或其他相关设置，迫使用户访问特定网站或导致用户无法正常上网的行为。

④ 广告弹出：指未明确提示用户或未经用户许可，利用安装在用户计算机或其他终端上的软件弹出广告的行为。

⑤ 恶意收集用户信息：指未明确提示用户或未经用户许可，恶意收集用户信息的行为。

⑥ 恶意卸载：指未明确提示用户、未经用户许可，或误导、欺骗用户卸载其他软件的行为。

⑦ 恶意捆绑：指在软件中捆绑已被认定为恶意软件的行为。

⑧ 其他侵害用户软件安装、使用和卸载知情权、选择权的恶意行为。

（3）恶意软件的分类及其危害。

根据不同的特征和危害，困扰广大计算机用户的流氓软件主要有如下几类。

① 广告软件（Adware）：指未经用户允许，下载并安装在用户计算机上；或与其他软件捆绑，通过弹出广告等形式牟取商业利益的程序。此类软件往往会强制安装并无法卸载；在后台收集用户信息牟利，危及用户隐私；频繁弹出广告，消耗系统资源，使其运行变慢等。

② 间谍软件（Spyware）：指在用户不知情的情况下，在其计算机上安装后门、收集用户信息的软件。用户的隐私数据和重要信息会被"后门程序"捕获，并被发送给黑客、商业公司等。这些"后门程序"甚至能使用户的计算机被远程操纵，组成庞大的"僵尸网络"，这是目前网络安全的重要隐患之一。

③ 浏览器劫持（Browser Hijack）：指一种恶意程序，通过浏览器插件、BHO（浏览器辅助对象）、Winsock LSP 等形式对用户的浏览器进行篡改，使用户的浏览器配置不正常，被强行引导到商业网站。 用户在浏览网站时会被强行安装此类插件，普通用户根本无法将其卸载。被劫持后，用户只要上网就会被强行引导到其指定的网站，严重影响正常上网浏览。

④ 行为记录软件（Track Ware）：指未经用户许可，窃取并分析用户隐私数据，记录用户计算机使用习惯、网络浏览习惯等个人行为的软件。危及用户隐私，可能被黑客利用来进行网络诈骗。

⑤ 恶意共享软件（Malicious Shareware）：指某些共享软件为了获取利益，采用诱骗手段、试用陷阱等方式强迫用户注册，或在软件体内捆绑各类恶意插件，未经允许即将其安装到用户机器里。

步骤 2 清除恶意软件。

专家称，传统的病毒库保护方式难以应对恶意软件的攻击。而且恶意软件一直在变化，即使是被侦查到，它们也会自动调整，因此依靠单独的技术难以防范恶意软件。

目前恶意软件的清除工具非常多，比较流行的有超级兔子清理王、恶意软件清理助手、360 安全卫士、微软的 Software Removal Tool、Windows 清理助手等。本文以 360 安全卫士为例介绍恶意软件的清理方法。

（1）从 360 安全卫士中心下载该软件，双击安装文件开始安装。然后根据安装向导完成"接受最终用户协议"→"选择安装目录"→"等待安装进度完成"→"根据需要选择是否安装浏览器和其他部分"。在选择的过程中一定要注意每个部分是什么，直到安装结束。

（2）安装完成后，双击运行 360 软件，主界面如图 2-14 所示。

（3）选择"清理插件"选项卡，选择扫描项，显示如图 2-15 所示的对话框。它不但能扫描出所有的恶意软件，还为每种恶意程序提供了详细的注解，即使网络新手也能准确地判断某款杀毒软件是否为恶意程序。选中某个要清除的插件或恶意软件，单击"立即清理"按钮，就会马上清除相应插件。当程序扫描出有恶意软件的时候，系统会用红色字体显示并已经被系统选中，再单击"立即清理"按钮就可以将这些危害系统安全的插件清理干净了。

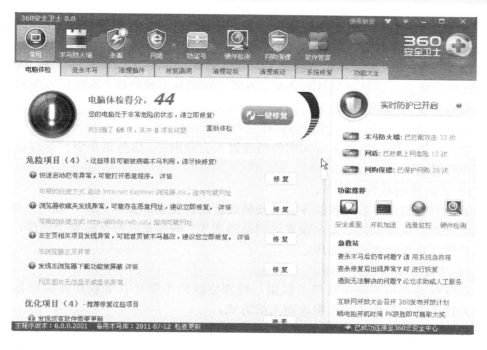

图 2-14　360 安全卫士主界面

图 2-15　"清理插件"选项卡

（4）特征库升级。反恶意软件与杀毒软件一样，是根据"恶意软件"的特征来进行清除和预防的，因此需要不断地更新才能清除相应的恶意软件。

步骤 3　预防恶意软件。

恶意软件威胁经过几年的发展已经成为一种强大的势力，更确切地说它已经成为一种受经济利益驱使的商业活动，因此应采取措施防止恶意软件在网络内传播，主要的预防措施如下。

（1）正确使用电子邮件和 Web。

对邮件的来源和附件的属性不清楚，不要打开邮件中的附件。不要从互联网下载和安装未获得授权的程序。学习公司的安全策略和建议，并坚决执行。

（2）禁止或监督非 Web 源的协议在企业网络内使用。

如禁止或限制即时通信及端到端的协议进入企业网络，这些正是僵尸等恶意软件得以通信和传播的工具。

（3）及时更新软件和补丁。

确保在所有的桌面系统和服务器上安装最新的浏览器、操作系统、应用程序补丁，并确保垃圾邮件和浏览器的安全设置达到适当水平。确保安装所有的安全软件，并及时更新并且使用最新的威胁数据库。

（4）严格控制管理员权限。

不要授权普通用户使用管理员权限，特别要注意不要让其下载和安装设备驱动程序，因为这正是许多恶意软件乘虚而入的方式。

（5）制定处理恶意软件的策略。

制定处理恶意事件的策略，在多个部门组建可实现协调响应职责并能够定期执行安全培训的团队。

【任务拓展】

一、理论题

1．什么是恶意软件？
2．恶意软件和蠕虫病毒有哪些区别？

二、实训

1．下载 360 安全卫士并进行安装。
2．运行 360 安全卫士并对计算机的安全状况进行体检。
3．使用 360 安全卫士清理系统的恶意软件。

任务3 网络版杀毒软件的安装与使用

随着网络化应用程度的提高，有效阻止网络病毒入侵已经成为网络安全的一个重要课题。网络病毒将直接影响网络的正常运行，轻则降低响应速度，影响工作效率，重则造成服务器死机，甚至网络瘫痪。如今大多数病毒都是通过网络传播的，而且传播速度极快，大大增加了管理员进行管理的难度。因此，在局域网中，通常部署统一的网络病毒防御系统，借助防病毒服务器自动管理所有网络用户客户端的病毒查杀、病毒库升级等工作。

活动 1　认识网络版杀毒软件

【任务描述】

目前，齐威公司网络中的大部分服务器和客户端都安装了单机版杀毒软件，但是品牌繁多，如 360 安全卫士杀毒软件、瑞星杀毒软件等。这些杀毒软件虽然可以阻止大部分常规网络病毒的入侵，但是为了确保服务器杀毒软件病毒特征库的时效性，管理员小齐需要经常检查杀毒软件的升级情况，非常麻烦。由于杀毒软件类别和型号不同，很难实现统一管理，操作起来非常麻烦。

大部分公司员工都安装了杀毒软件，但能够按时升级病毒特征库和执行病毒扫描的却很少。由于杀毒软件的版本过于陈旧，未能阻止和查杀入侵系统的新型病毒，最终导致系统感染崩溃和感染整个网络的情况时有发生，把网管小齐弄得焦头烂额。

【任务分析】

小齐决定先查看一下网上的资料，看看现在企业防病毒系统的发展情况，以便给公司安装一套高效的网络版防病毒系统。

【任务实战】

1．了解网络版杀毒软件

网络版杀毒软件不同于我们普通家庭用户使用的单机版杀毒软件，网络版杀毒软件是客户端/服务器模式的网络软件，在网络中需要配置一台服务器，其他用户安装客户端软件。服务管理员可以从互联网下载最新的病毒库，并把更新后的病毒库推送到客户端，保证了客户端杀毒软件的实时更新。管理员通过服务器端可以实时地对远程客户端的杀毒情况进行管理，而且可以对全网的病毒情况进行监控。

提示：目前有的软件如瑞星杀毒软件、360 安全卫士杀毒软件单机版已经完全免费，个人用户可以直接下载到正版的杀毒软件，个人版的杀毒软件使用较为简单，本文就不做详细的介绍了。

2．了解网络版杀毒软件的优点

网络互联互通，一台机器染毒，马上会传遍网络。杀毒软件单机版和网络版的最大区别在于网络版是基于全网的病毒防杀，强调管理的灵活性和安装部署的简捷性。它有以下几方面的优势：

（1）安装简捷、使用方便。网络版可通过脚本安装、远程安装实现对整个局域网所有计算机的快速、自动安装。

（2）统一配置、专业定制。网络版可对全网所有杀毒软件进行统一或个性化设置，保持整个网络安全策略的一致性，所有工作均在后台完成。

（3）安全信息清晰直接。网络版管理区域较广，还可提供详细的图形化病毒报告。一旦在局域网中任何一台计算机上发现病毒，都能自动将病毒信息传递给网络管理员。

（4）全网同步升级。网络版进行统一升级，各客户端可永远保持最新版本，这对清除最新流行病毒非常重要。

（5）全网统一查杀病毒。网络版能对局域网中软盘、服务器、共享文件、邮件系统等容易感染病毒的每一节点同步查杀，可快速、干净地查杀局域网中的新病毒。

（6）全面体现了高效率。从安装杀毒软件、日常管理、升级病毒库、查杀病毒、专业定制等方面全面提高了工作效率，同时其多层架构的模式，保证了数据操作的高效性、可靠性和稳定性。

3. 网络版杀毒软件的网络部署结构

网络版杀毒软件和单机版最大的区别就是前者有一个"管理中心"（有的杀毒软件称为"控制中心"），它可以对每台客户端进行各种管理，管理员可以完全不用出现在用户面前，通过管理中心就可完成客户端的参数设置、杀毒、状态收集等操作，简单的部署拓扑图如图 2-16 所示。

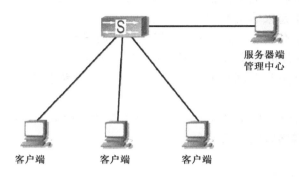

图 2-16　网络版杀毒软件的部署

活动 2　管理中心的部署

【任务描述】

小齐通过资料的学习已经发现，在一定规模的企业中，为了保证企业防病毒的高效和可靠，必须在公司中部署网络版杀毒软件。公司购买了卡巴斯基网络版杀毒软件，小齐准备跟随着产品手册和技术人员的帮助开始部署了。

【任务分析】

在部署网络版杀毒软件前一定要根据实际的拓扑结构，决定如何部署。然后单独使用一台高配置并安装服务器版操作系统的计算机，安装卡巴斯基的管理工具（卡巴斯基的控制中心称为管理工具）。

【任务实战】

步骤 1　规划网络拓扑决定管理中心的部署位置。

网络版卡巴斯基杀毒软件的部署对于网络环境没有特殊的要求，但是安装控制管理中心，必须是服务器操作系统，如 Windows Server 2000、Windows Sever 2003、Windows Server 2008。

步骤 2　安装管理工具。

提示：在安装杀毒软件前，首先要确定系统中是否安装有 SQL 2000，如果之前曾经安装过 SQL 2000，则只要在安装过程中定义一下数据库名称即可，如果没有安装 MSDE，也没有 SQL，这也不要紧，卡巴斯基网络版集成了 SQL，在杀毒软件安装过程中安装即可。

（1）在本地计算机以自定义方式安装卡巴斯基管理工具，请运行 setup.exe 文件，并使用安装向导对设置进行配置。请遵照向导的提示进行操作。

（2）定义安装产品组件的文件夹。

默认情况下，它是<驱动器>:\Program Files\Kaspersky Lab\Kaspersky Administration Kit。如果该文件夹不存在，将会自动创建。用户可以使用"浏览"按钮来更改目标文件夹。

（3）选择要安装的组件。

在向导的下一个窗口，选择需要安装的卡巴斯基管理工具组件，如图 2-17 所示。

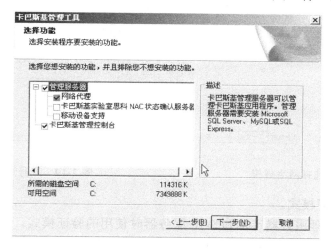

图 2-17　选择安装组件

管理服务器：如果选择该项，还可以同时定义是否需要安装其他的附加组件。

① 卡巴斯基实验室思科 NAC 状态确认服务器：这是一个标准的卡巴斯基实验室组件，用于对思科 NAC 常规操作的凭证进行授权。与思科 NAC 的联动设置能够在管理服务器的属性或策略中进行配置。

② 移动设备支持：该组件提供卡巴斯基手机安全软件企业版的常见操作。

提示：不能取消网络代理的安装，该组件为必要组件。

（4）选择网络规模。

定义安装的卡巴斯基管理服务器所处网络的规模，如图2-18所示。该信息将帮助对程序界面和设置进行最优化配置，也可以在以后更改这些设置。

（5）账号选择。

在指定计算机上定义用于启动管理服务器服务的账号。

本地系统账号：管理服务器将使用本地系统账号及其凭证进行启动。若要卡巴斯基管理工具正确工作，需要用于启动管理服务器的账号具有管理服务器数据库所在计算机上的管理员权限，如图 2-19 所示。

（6）数据库选择。

在下一步中，可以选择数据库资源：Microsoft SQL Server（SQL Express）或 MySQL，它们将用于存储。

（7）SQL 数据库配置。

如果在上一步选择了 SQL Express 或 Microsoft SQL Server，并且计划在企业网络中已有的一台 SQL 服务器上使用卡巴斯基管理工具，则在"SQL Server 名"文本框中输入它的名字。然后在"数据库名"文本框中，指定为存储管理服务器信息所创建的数据库名称。默认情况下，将会以 KAV 为名创建数据库（图 2-20）。本实例由于之前并没有安装 SQL 数据库，因此选择默认选项。

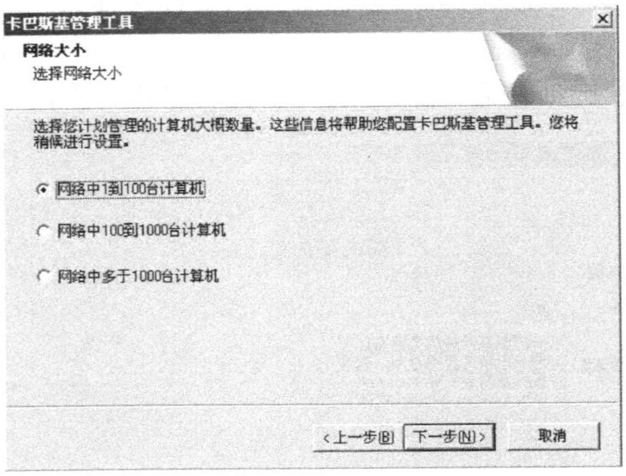

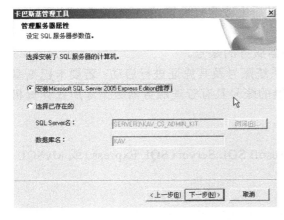

图 2-18　选择网络规模

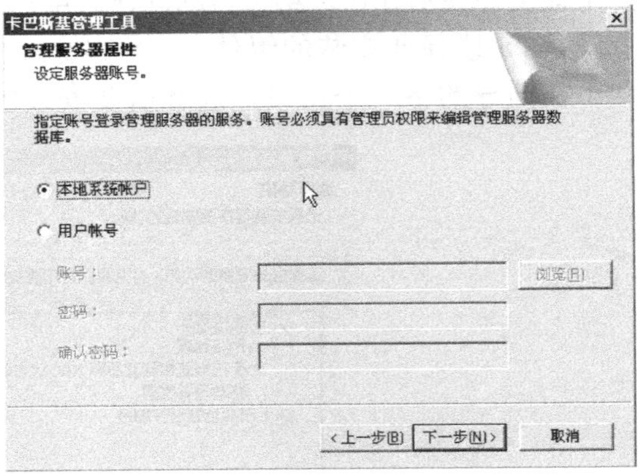

图 2-19　账号选择

（8）选择验证模式。

需要确定在管理服务器连接到 SQL 服务器时使用的验证模式。

对于 SQL Express 或 Microsoft SQL Server，可以在以下两个选项中选择。

① Microsoft Windows 验证模式：在这种情况下，将会使用管理服务器的启动账号来核实凭证。

② SQL Server 验证模式：在这种情况下，将会使用定义的账号来核实凭证。请填写用户名、密码和确认密码项。

提示：完成这项后，安装向导会进入到 SQL 数据库的安装过程，时间较长。

（9）选择一个共享文件夹。

需要为一个将要使用的共享文件夹定义名称和位置（图 2-21），该文件夹将用于存储远程部署程序所需的文件（在创建安装包的过程中，这些文件将被复制到管理服务器上）；存储从管理服务器的更新源下载下来的更新数据。

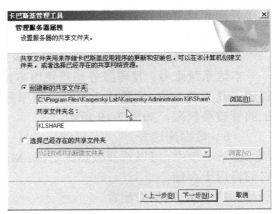

图 2-20　设定 SQL 服务器参数值

图 2-21　创建远程共享文件夹

（10）配置到管理服务器的连接。需要定义管理工具到管理服务器的连接设置：

用于连接管理服务器的端口，默认端口号为 14000。如果该端口已经被占用，可以更改为其他端口；　用于安全连接管理服务器的 SSL 端口，默认端口号为 13000。

（11）定义管理服务器地址（图 2-22）。使用以下方式指定管理服务器地址。

① DNS 名称：当网络中包含 DNS 服务器时，该方式非常有效，客户端计算机能够通过它来获取管理服务器地址。

② NetBIOS 名称：当客户端计算机能够通过 NetBIOS 协议获取管理服务器地址，或是网络中有 WINS 服务器时，也可以使用该方式。

③ IP 地址：当管理服务器拥有固定 IP 时，可以使用该选项。

提示：本实例选择服务器的 IP 地址，如图 2-22 所示。

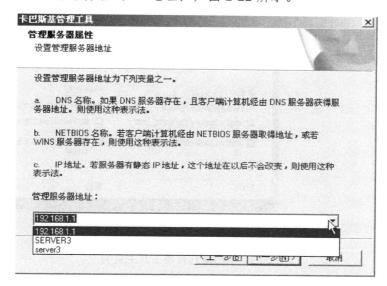

图 2-22　指定管理服务器地址

（12）完成安装。

在对卡巴斯基管理工具各组件的安装设置进行定义后，就可以正式开始安装了。

在计算机上安装了管理控制台后，它的图标会出现在"开始"→"程序"→"卡巴斯基管理工具"菜单中，可以使用该图标来启动控制台。管理服务器和网络代理将会被作为服务安装在计算机上，其属性见表 2-1。表 2-1 还包含卡巴斯基实验室思科 NAC 状态确认服务器的属性，该组件也可能会与管理服务器一起安装在计算机上。

表 2-1　管理服务器和网络代理的属性

属性	管理服务器	卡巴斯基实验室思科NAC状态确认服务器	网络代理
服务名	CS Admin Server	NAC Server	Klnagent
显示的服务名	卡巴斯基管理服务器	卡巴斯基实验室思科NAC状态确认服务器	卡巴斯基网络代理
启动类型	操作系统启动时自动启动		
账号	本地系统或用户定义		

步骤3 运行卡巴斯基管理工具。

选择"开始"→"卡巴斯基管理工具"→"卡巴斯基管理工具",启动卡巴斯基管理工具,如图2-23所示。

图2-23 卡巴斯基管理工具主页面

知识链接

卡巴斯基是俄罗斯一款著名的网络版企业级杀毒软件,具备防病毒/杀毒/防火墙等多重功能。可以提供对PC和移动终端设备的防毒需求。现在,最新的版本是卡巴斯基网络版8.0。

活动3 客户端在工作组环境下的部署

【任务描述】

管理员小齐已经完成了对卡巴斯基网络版杀毒软件管理工具的部署,现在面对公司的几百台计算机和公司的网站服务器,如何快速地部署客户端,发挥网络版杀毒软件的优势呢?

【任务分析】

齐威公司现阶段采用非常简单的工作组管理模式,通过查看卡巴斯基的官方手册,小齐了解到卡巴斯基杀毒软件的客户端安装方式主要有3种:远程推送、文件夹共享、通过网站让用户下载。其任务实施简化拓扑图如图2-24所示。

【任务实战】

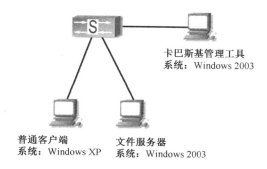

卡巴斯基管理工具
系统：Windows 2003

普通客户端　　　　　文件服务器
系统：Windows XP　系统：Windows 2003

图 2-24　任务实施简化拓扑图

方法 1：远程推送。

提示： 远程推送安装需要知道对方拥有管理员权限的用户名和密码，而且默认共享不能关闭，我们以对文件服务器进行安装为例。

步骤 1　创建任务。

选择左侧菜单中的"指定计算机的任务"，然后选择右侧界面中的"部署卡巴斯基反病毒 Windows 服务器"，如图 2-25 所示。

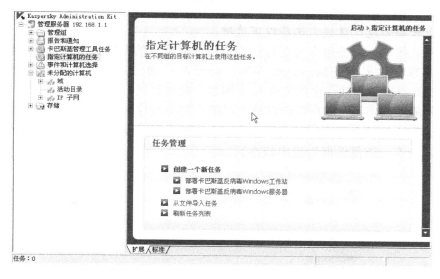

图 2-25　指定计算机的任务

知识链接

卡巴斯基网络版防病毒系统，把客户端分为两种类型，一种为安装 Windows XP 这种个人版操作系统的称为 Windows 工作站，在安装的时候要选择部署卡巴斯基反病毒 Windows 工作站；另外一种为安装 Windows Server 2003 等服务器操作系统的称为 Windows 服务器，在安装的时候要选择部署卡巴斯基反病毒服务器。

步骤 2　使用配置任务向导，单击"下一步"按钮。

步骤 3 填写新建部署对象的名字，也可以采用系统默认的名字，单击"下一步"按钮。

步骤 4 选择部署方式，在"部署类型"中，选择"推送安装"，如图 2-26 所示，单击"下一步"按钮。

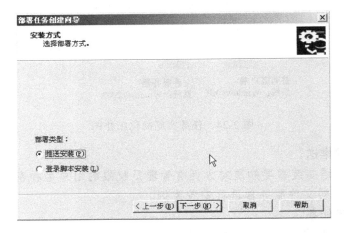

图 2-26 选择部署方式

步骤 5 选择载入安装包的方式，在该窗口（图 2-27）指定安装文件的传输方式。在"强制上传安装包"区域，选择以下选项。

使用网络代理：将使用安装在每台客户端计算机上的网络代理来传输文件。

使用共享文件夹中的 Microsoft Windows 资源：通过共享文件夹，使用 Microsoft Windows 工具将用于卸载程序的文件传输到客户端计算机。

同时还需要确定，当客户端计算机上已经安装有程序时，是否需要重新安装。如果不希望在这类计算机上重新安装程序，选中"如果程序已经安装则不再重新安装"复选框（默认情况下，该复选框为选中状态）。

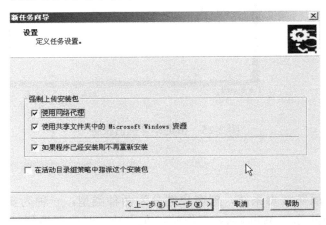

图 2-27 选择载入安装包的方式

步骤 6 选择网络代理。网络代理的作用是让管理工具可以对客户端进行管理，保证客户端和管理工具可以正常通信，所以图 2-28 中的两个选项都要选中。

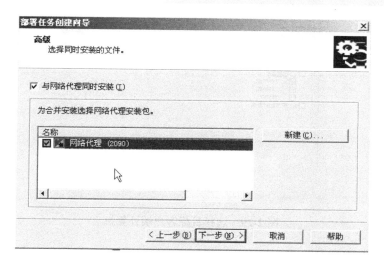

图 2-28　选择网络代理

步骤 7　配置重启设置。

如果程序安装完成后需要重启计算机，应该定义需要执行的操作。可以在以下操作中选择：

① 不重启计算机。

② 重启计算机：如果选择该项，计算机只在需要的时候才会重启。

③ 提示用户操作：如果选择该项，需要对重启相关的用户提示进行配置。单击"修改"链接进行设置。可以在打开的窗口中编辑文字信息，并更改重启提示每次出现的时间间隔。

如果希望确保锁定的计算机会进行重启，则选择"强制关闭会话中的程序"选项。默认情况下，该选项为非选中状态。

步骤 8　定义计算机选择方式。

需要确定选择计算机的方式，以便为选中的计算机创建任务。

想使用 Windows Networking 选择计算机：在这种情况下，管理服务器将通过轮询企业 Windows 网络来选择需要部署任务的计算机。

想手动指定计算机地址（IP、DNS 或 NETBIOS）：在这种情况下，需要手动选择需要部署任务的计算机。

本实例选择第一种，使用 Windows Networking 选择计算机。

步骤 9　选择目标客户端计算机。

如果使用 Windows 网络轮询来选择计算机，向导窗口中将显示创建的计算机列表，如图 2-29 所示。既可以选择组中的计算机（"管理组"项），也可以选择包含在任何组中的计算机（"未分配计算机"项），我们选择 SERVER2 和 SERVER3。

提示：SERVER2 和 SERVER3 是计算机的名字，卡巴斯基管理工具自动搜索出来的，另外 SERVER2 是文件服务器，SERVER3 是安装卡巴斯基管理工具的，安装完卡巴斯基的管理工具并没有安装反病毒服务器版，而管理工具只具有管理的功能，因此也要进行安装。

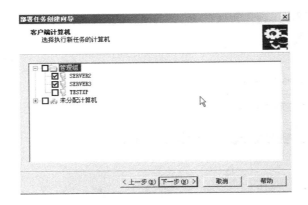

图 2-29　选择目标客户端计算机

步骤 10　账户选择。

需要指定用于在计算机上运行部署任务的账号，如图 2-30 所示。

提示：该账号必须拥有客户端计算机的如下权限：远程运行程序的权限、使用 Admin istrator 资源的权限、作为服务登录的权限。因为现在安装两台计算机，需要连续添加两个账号，如图 2-31 所示。

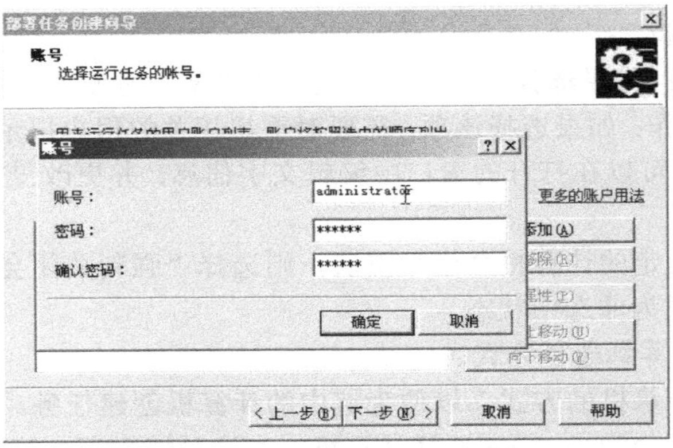

图 2-30　选择要执行新任务的计算机

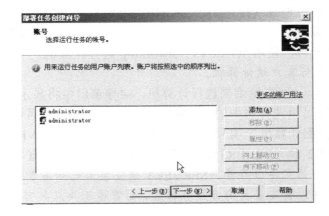

图 2-31　添加的运行任务的账号列表

步骤 11　任务运行计划。

可以设置任务在不同的时间段执行。有手动、每**N**小时、每天、每周、每月、一次 、立即：任务将在向导结束后立即运行，如图2-32所示。

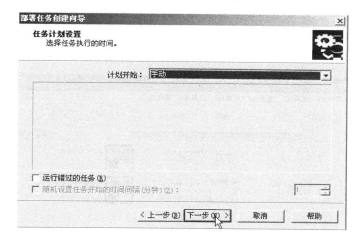

图 2-32　选择任务执行的时间

提示： 如果任务的启动计划设置为手动、一次或立即，则主机一旦在网络中注册，任务就会立即启动。所以本实例选择为手动。

步骤 12　完成任务创建。

在向导完成后，创建的任务将会被添加到控制台树的"组任务"或是"指定计算机的任务"节点中，并显示在右侧区域。

步骤 13　运行任务。

在右侧窗口单击"运行任务"链接，那么管理工具就开始进行远程推送安装，如图 2-33 所示。

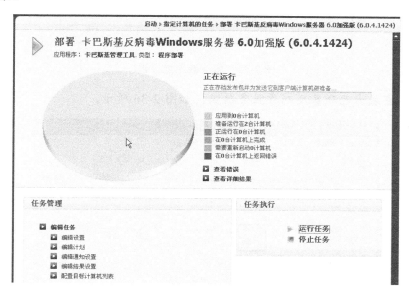

图 2-33　运行任务

方法 2：文件共享。

卡巴斯基管理工具在安装的时候，已经把一个文件夹设置为共享文件夹，目的就是让客户端用户可以自行下载安装。

步骤 1 用户登录共享文件夹，安装代理（本实例的管理工具地址为 192.168.1.1）。

进入共享目录地址\\192.168.1.1\Klshare\Packages\NetAgent8.0.2090，双击 setup.exe 进行安装，需要填写管理工具的地址，如图 2-34 和图 2-35 所示。

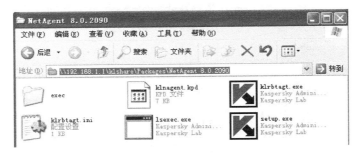

图 2-34　安装网络代理

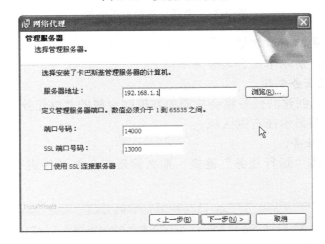

图 2-35　服务器地址设置

步骤 2 安装卡巴斯基反病毒服务器版，如图 2-36 所示。

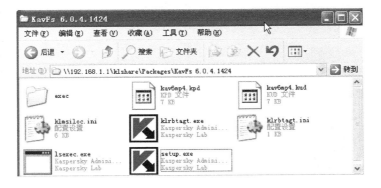

图 2-36　安装卡巴斯基反病毒服务器版

步骤 3 安装完毕后设置更新服务器。

在任务栏上右键单击安装好的卡巴斯基中的"设置"→"更新",单击"配置"按钮,选择"管理服务器"。那么客户端在下载补丁的时候就不再去互联网下载补丁,而是从管理工具那里下载病毒库了,如图 2-37 所示。

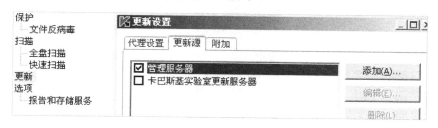

图 2-37 设置病毒库的更新源

知识链接

网络代理在卡巴斯基网络版中的作用是保证客户端和管理工具的正常通信,因此在安装客户端之前,必须要安装网络代理。卸载的时候,卸载完客户端,网络代理需要单独卸载。

方法 3:通过网站让用户下载。

虽然现在已经进入了信息时代,但是人们对于计算机的使用仍然良莠不齐。例如,用户不会使用共享,而用户出于安全考虑又不愿意把用户名和密码告诉管理员,管理员无法进行推送。由于普通的办公人员都要访问网站,可以制作一个下载客户端的网页,让用户访问自行下载安装。

步骤 1 制作独立安装包。

(1)选择左侧 "存储"菜单中的"安装程序包",然后选择右侧的"卡巴斯基反病毒 Windows 服务器 6.0 加强版",如图 2-38 所示。

知识链接

独立安装包是指把网络代理和杀毒软件客户端封装成一个文件的形式,方便客户安装。

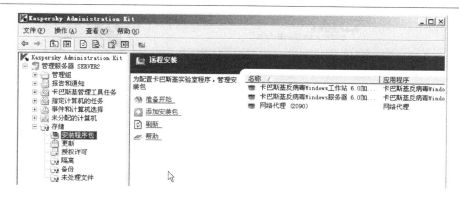

图 2-38 选择安装程序包

（2）选择左侧的"创建独立安装包"，弹出"独立安装包创建向导"对话框，如图 2-39 和图 2-40 所示。

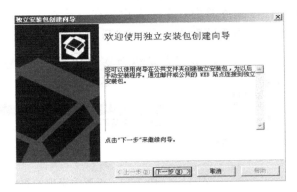

图 2-39　创建独立安装包　　　　　图 2-40　"独立安装包创建向导"对话框

（3）添加授权文件，把授权文件也制作到安装包里面，那么用户在安装的时候就不用自己注册激活杀毒软件了，单击右侧的"添加"按钮，按照提示完成添加，如图 2-41 所示。

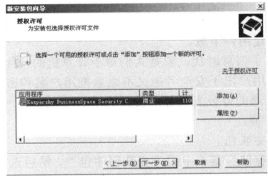

图 2-41　添加授权文件

（4）为共同安装选择网络代理安装包，选中"网络代理和该程序一起安装"复选框（图 2-42），单击"下一步"按钮，进入安装过程状态，如图 2-43 所示。

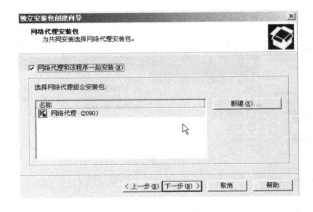

图 2-42　为共同安装选择网络代理安装包

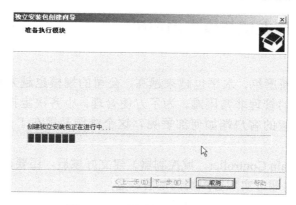

图 2-43　正在创建独立安装包

（5）完成独立安装包的制作，给出独立安装包所存放的位置，如图 2-44 所示。

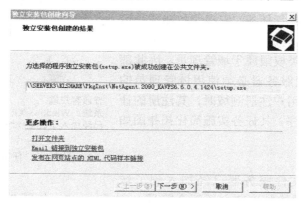

图 2-44　完成独立安装包的制作

（6）制作用户下载网站。可以将独立安装包 setup.exe 复制到网站目录中，并制作杀毒软件下载网页，建立链接指向 setup.exe，效果如图 2-45 所示，网站的制作这里就不详述了，网站的访问效果如图 2-45 所示。

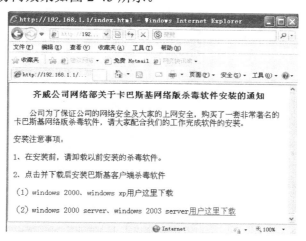

图 2-45　网站的效果图

活动4　客户端在域环境下的部署

【任务描述】

小齐在公司里不断磨练，水平也越来越高，公司的规模也越来越大，他发现在工作组的环境中对客户端的管理非常困难，为了方便管理，小齐决定把工作组变为域。那么在域下卡巴斯基网络版的客户端如何部署呢？这个难题又摆在了小齐的面前。

【任务分析】

升级为DC（Domain Controller，域控制器）建立好域后，还要在域控制器上建立域用户的账号，用登录脚本即可实现客户端的部署。登录脚本安装，可以为登录到域中的用户部署程序。部署任务运行时，程序会修改起始脚本，从而指定的用户能够运行位于管理服务器共享文件夹中的安装程序。若要成功运行任务，管理服务器或是运行脚本的账号必须具有能够修改域控数据库中的起始脚本的权限。该类权限属于域管理员，因此部署任务或是整个管理服务器必须使用域管理员的账号进行启动。当域用户注册到域时，其注册的计算机将会尝试安装程序。其任务实施简化拓扑图如图2-46所示。

卡巴斯基管理工具
系统：Windows 2003
DC域控制器jia.com

普通客户端　　　　文件服务器
系统：Windows XP　系统：Windows 2003
已经加入了jia.com域　已经加入了jia.com域

图2-46　任务实施简化拓扑图

【环境说明】

普通客户端和文件服务器已经加入到了域jia.com中，并且在域控制上建立了两个账号test1和test2，如图2-47所示。

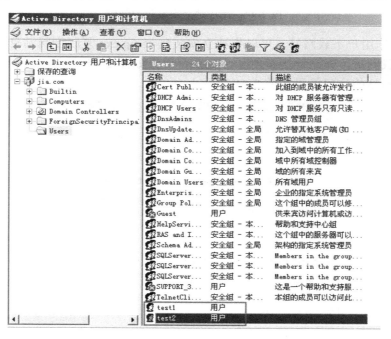

图2-47　建立域用户

【任务实战】

步骤 1　连接到管理服务器。

步骤 2　选择控制台树中的"指定计算机的任务"选项后，选择"创建一个新任务"，如图 2-48 所示。

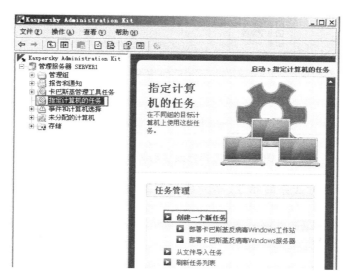

图 2-48　创建一个新任务

步骤 3　定义任务名称为"登录脚本安装"。

步骤 4　选择任务类型为"程序部署"，如图 2-49 所示。

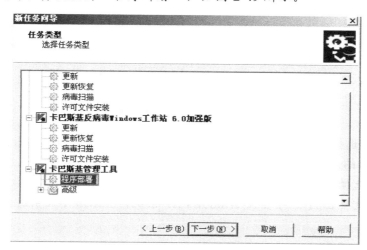

图 2-49　选择任务类型

步骤 5　选择安装包为 📧 卡巴斯基反病毒Windows工作站 6.0加强版 (6.0.4.1424)。

步骤 6　选择部署类型为 ⦿ 登录脚本安装(L)。

步骤 7　选择需要更改启动脚本的用户账户。选中 test1 和 test2，如图 2-50 所示。

步骤 8　选择"重新启动"选项。

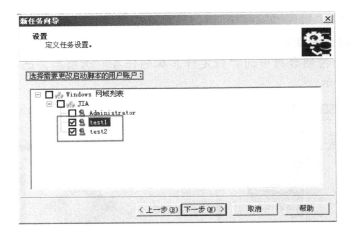

图 2-50　选择修改启动脚本的域用户

步骤 9　选择运行任务的账号。添加域控制器的 administrator 账号及密码，如图 2-51 所示。

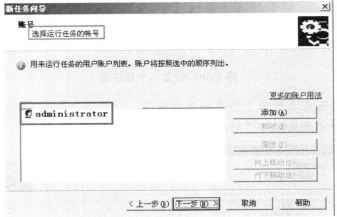

图 2-51　选择运行任务的账号

提示：这里选择的不是域用户，也不是像工作组那样添加的远程用户的账号，在域环境下应该添加的是域控制的具有管理员权限的用户。

步骤 10　选择计划执行时间为"立即"。

步骤 11　使用 test1 账号登录 Windows XP 系统，登录后不久系统会弹出如图 2-52 所示的窗口。

图 2-52　显示安装卡巴斯基客户端的命令窗口

活动 5　客户端管理

【任务描述】

小齐已经完成了客户端的安装，那么如何管理呢？

【任务分析】

部署网络防病毒系统的主要目的是便于实现对客户端的统一管理，如软件更新、指定扫描计划、执行病毒扫描与查杀等。与单机版最大的区别就是，网络防病毒系统所有的管理操作都可以由管理员在管理工具上完成，而客户端无需做任何操作，不影响客户端的工作。

【任务实战】

步骤 1　更新病毒库。

（1）制定管理工具的更新任务。

① 在控制树上选择卡巴斯基管理工具任务　，打开快捷菜单并选择新任务。

② 创建一个新任务。指定下载更新任务作为任务类型，如图 2-53 所示。

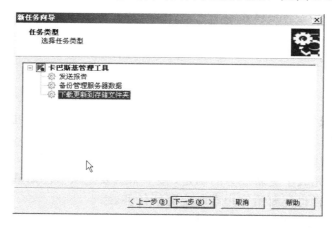

图 2-53　选择任务类型

③ 在打开的窗口中的配置如图 2-54 所示，单击"下一步"按钮。

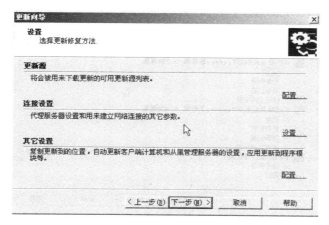

图 2-54　更新向导设置

更新源：列出可以进行更新的更新源。

连接设置：设置代理服务器或其他网络连接设置。

其他设置：更新副本设置，自动更新设置和设置应用程序模块更新设置。

④ 创建任务启动计划（图 2-55）。单击"下一步"按钮。

提示：在这里小齐选择每天 8:30 执行本项任务作为每天上班的第一件事情是非常必要的，这样保证了我们的服务器病毒库每天都是最新的。

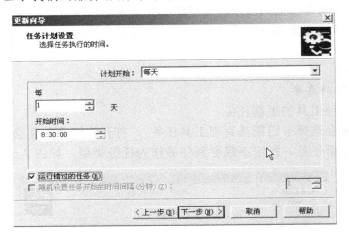

图 2-55　设置任务的运行时间

⑤ 单击"完成"按钮来完成任务创建，由于选择了"运行错过的任务"，所以任务会马上执行。

（2）制定客户端的更新任务。

管理中心已经完成了更新任务的制定，接下来就要把从卡巴斯基服务器下载的更新分发到客户端，同样也需要给客户端制定更新任务。

① 在控制树上选择指定计算机的任务，打开快捷菜单并选择新任务。

② 创建一个管理服务器任务。指定"卡巴斯基反病毒 Windows 服务器 6.0 加强版"→"更新"作为任务类型，如图 2-56 所示。

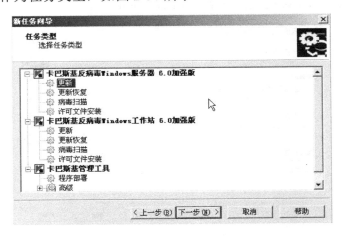

图 2-56　选择任务类型

③ 在控制树上选择指定计算机的任务，打开快捷菜单并选择新任务为"服务器版本更新"。

④ 制定客户端的更新源服务器设置，在这里选择"管理服务器"，也就是把更新源指向了管理工具所在的服务器，这样就可以发挥网络版杀毒软件的优势，客户端不用从互联网下载更新，而是从内网的管理服务器就可以下载更新，这样可以更加节约出口带宽，保证了公司网络的通信质量，如图 2-57 所示。

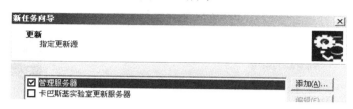

图 2-57　指定更新源

⑤ 选择执行新任务的计算机，选中 SERVER2 和 SERVER3，这两台机器安装的是服务器操作系统，所以可以同时选中进行更新，如图 2-58 所示。

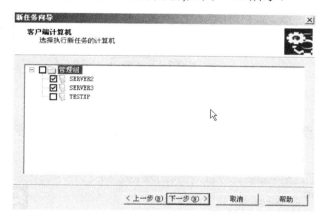

图 2-58　选择执行新任务的计算机

⑥ 创建任务启动计划。单击"下一步"按钮。

提示：在这里小齐选择每天 12:30 执行本项任务，中午是大家休息的时间，这时进行客户端的更新，可以尽量避免影响大家工作。

⑦ 任务创建完成，那么任务就会在规定时间自动运行了。

步骤 2　客户端病毒扫描与查杀。

虽然客户端已经安装了杀毒软件并且每天都会自动进行病毒库的更新，但是这样并不是就一定万无一失了，还需要定期进行病毒扫描，才能让病毒无藏身之地。

（1）在控制树上选择指定计算机的任务，打开快捷菜单并选择新任务。

（2）创建一个新任务。指定"病毒扫描"作为任务类型，如图 2-59 所示。

（3）指定病毒的扫描设置，可以进行多项的选择，如我的电脑、我的文档、邮箱、系统内存、引导扇区等，可以根据实际情况自行添加，如图 2-60 所示。

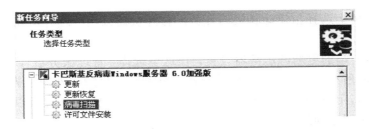

图 2-59　选择任务类型

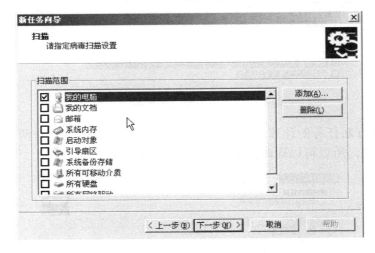

图 2-60　指定病毒的扫描范围

（4）进行扫描设置，主要是提醒客户端用户杀毒软件正在扫描，如图 2-61 所示有 3 个选项。

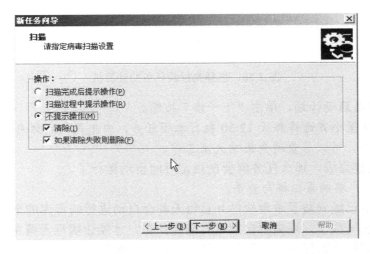

图 2-61　进行病毒扫描设置

（5）选择执行新任务的计算机。

（6）创建任务启动计划。单击"下一步"按钮。

提示：病毒扫描的任务不能每天都进行，因为病毒扫描非常占用系统资源，可以一周执行一次扫描。

（7）任务创建完成，那么任务就会在规定时间自动运行了。

【任务拓展】

一、理论题

1．什么是网络版杀毒软件？

2．网络版杀毒软件有哪些特点？

3．企业防病毒系统集中管理带来的优势有哪些？

4．卡巴斯基网络版防病毒系统由哪几部分组成？

5．简述卡巴斯基网络防病毒系统的工作机制。

二、实训

1．熟练掌握卡巴斯基反病毒软件单机版的功能特点、安装及使用方法。

2．上网下载其他免费的单机版杀毒软件如瑞星、360 杀毒等，对比一下这些产品的功能特点及使用效果。

3．在工作组环境中部署卡巴斯基管理服务器。

① 完成对 Windows XP 客户端的推送。

任务提示：Windows XP 的网络登录有两种模式可用："典型"和"仅来宾"，系统默认是"仅来宾"，就是任何账户远程登录都会自动映射成 Guest 用户，因此就没有权限在计算机上进行安装等操作。

解决方法：在运行中输入"gpedit.msc"启动组策略编辑器依次打开"计算机配置"→"Windows 设置"→"安全设置"→"本地策略"→"安全选项"，双击"网络访问：本地账号的共享和安全模式"策略，将默认设置"仅来宾-本地用户以来宾身份验证"更改为"经典：本地用户以自己的身份验证"。

② 使用文件共享的方法对 Windows XP 系统进行部署。

③ 使用网站发布的方法对 Windows XP 系统进行部署。

④ 使用管理工具远程对 Windows XP 工作站客户端进行病毒库的更新。

⑤ 使用管理工具远程对 Windows XP 工作站客户端进行病毒的扫描。

4．在域环境中部署卡巴斯基管理服务器。

① 完成对 Windows XP 客户端的推送。

② 完成对 Windows XP 客户端的远程脚本推送。

单元 3

网络攻击与防御

[单元学习目标]

➤ 知识目标
1. 了解网络服务漏洞的基本概念
2. 掌握端口扫描器扫描网段的方法
3. 掌握综合扫描器扫描网段的方法
4. 了解木马的工作原理
5. 了解木马的入侵方法
6. 掌握木马清除和防御的方法
7. 了解 DDoS 攻击的原理
8. 掌握 DDoS 攻击防御的方法

➤ 能力目标
1. 具备使用端口扫描器扫描网段的能力
2. 具备使用综合扫描器扫描网段的能力
3. 具备使用木马工具模拟入侵的能力
4. 具备判断木马入侵的能力
5. 具备木马清除和防御的能力
6. 具备 DDoS 攻击防御的能力

➤ 情感态度价值观
1. 培养认真细致的工作态度
2. 逐步形成网络安全的主动防御意识

[单元学习内容]

网络在带给人们便利的同时，也给病毒、木马的泛滥提供了温床。网络用户在使用网络过程中，除了会受到病毒感染的威胁外，还有可能遭受一些有特殊目的用户的有意识的攻击，企图从被攻击的计算机中获取隐私信息或破坏正常网络工作，而这就是网络攻击。

通过了解黑客攻击手段的基本原理，熟悉基本黑客工具的使用，可以掌握常见的攻击方式（如拒绝服务攻击、木马、网络监听、扫描器等）的防御和清除方法。

 任务1　扫描网络漏洞

网络安全扫描是增强系统安全性的重要措施之一，它能够有效地预先评估和分析系统中的安全问题，暴露网上潜在的脆弱性。扫描一个系统或者一个网络，通常是为了发现这个被扫描的对象在提供哪些服务，如 Web 服务、邮件服务、Telnet、FTP、RPC 等，就相当于去一栋公寓后挨家挨户敲门看谁在家。扫描所使用的工具就是扫描器。

目前流行的扫描器有 Nmap、X-san、SuperScan 等，根据功能可将其分为端口扫描器和综合扫描器。

活动 1　使用端口扫描器扫描网段

【任务描述】

为了发现系统缺陷和漏洞，入侵者和管理员都常常使用扫描的方式来侦测系统和网络，不过两者目的不一致。入侵者是通过扫描技术来收集信息和检测漏洞，为入侵做好前期准备工作；网络管理员则是发现系统漏洞后及时修补，以提高安全性能。但两者殊途同归，都应用了扫描功能。

【任务分析】

工欲善其事，必先利其器。应该选择什么扫描工具呢？这里推荐 Nmap。Nmap 是一个免费的开源实用程序，它可以对网络进行探查和安全审核。Nmap 可以运行在所有主要的计算机操作系统上，并且支持控制台和图形两种版本。

【任务实战】

1．了解端口扫描器

服务器上所开放的端口就是潜在的通信通道，也就是一个入侵通道。对目标计算机进行端口扫描，能得到许多有用的信息。进行端口扫描的方法很多，可以是手工进行扫描，也可以用端口扫描软件进行。

扫描器通过选用远程 TCP/IP 不同端口的服务，并记录目标给予的回答，通过这种方法可以搜集到很多关于目标主机的各种有用的信息，如远程系统是否支持匿名登录、是否存在可写的 FTP 目录、是否开放 Telnet 服务和 HTTPD 服务等。

2．端口扫描器 Nmap 的安装及使用

步骤 1　获得 Nmap 端口扫描器。

Nmap 扫描器可以直接从互联网下载获得，从网址 http://www.nmapwin.org/可以下载 Windows 系统的图形化版本。

步骤 2　Nmap 扫描器的安装。

Nmap 扫描器的安装也非常简单，只需要按照提示一步步安装即可，但是在安装过程中系统会提示要安装 WinPcap 软件，这是需要安装的。

？　知识链接

1．Nmap 是目前为止使用最广泛的国外端口扫描工具之一。我们可以从网址 http://www. insecure.org/进行下载，可以很容易地安装到 Windows 和 UNIX 操作系统中。

其基本功能有 3 个：一是探测一组主机是否在线；二是扫描主机端口，嗅探所提供的网络服务；三是推断主机所用的操作系统 。Nmap 可用于扫描仅有两个节点的 LAN，直至 500 个节点以上的网络。Nmap 还允许用户定制扫描技巧。通常，一个简单的使用 ICMP 协议的 ping 操作可以满足一般需求；也可以深入探测 UDP 或者 TCP 端口，直至主机所使用的操作系统；还可以将所有探测结果记录到各种格式的日志中，供进一步分析操作。

2．WinPcap（Windows Packet Capture）是Windows平台下一个免费、公共的网络访问系统。开发WinPcap这个项目的目的在于为Windows应用程序提供访问网络底层的能力。

步骤 3　运行 Nmap。

安装好后，选择"开始"→"程序"→"nmap-Zenmap GUI"，启动后的界面如图 3-1 所示。

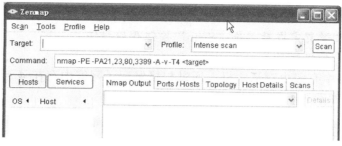

图 3-1　Zenmap 软件的主界面

步骤 4　填写扫描目标。

Target: 要扫描的目标 IP 地址参数是必须填写的，可以是单一主机，也可以是一个子网，格式如下：一个具体的网址 192.168.1.1、一个网段 192.168.1.1～25、一个子网 192.168.1.0/24。

提示： 要探测一个网络的主机存活情况，可以使用子网的形式，如图 3-2 所示，就可以对整个子网进行探测。

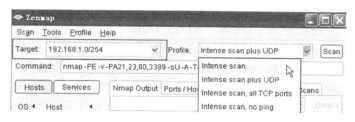

图 3-2　填写扫描的目标 IP

步骤 5　选择扫描的方式。

单击"Profile（配置参数）"下拉列表箭头，进行选择即可。在这里选择的是第一项"Intense scan（强力扫描）"如图 3-3 所示。

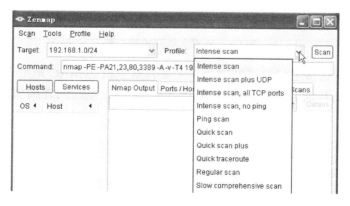

图 3-3　选择扫描方式

提示：参数的选择根据实际需要，如果想得到比较完善的信息，如不光探测到对方开放的端口，还想看到对方的操作系统信息，那么选择第一项"Intense scan（强力扫描）"。如果仅仅想快速地探知对方开放端口的情况，可以选择"Quick scan（快速扫描）"或"Regular scan（常规扫描）"。

步骤6　参数设置完成后单击"Scan"按钮开始扫描。

步骤7　查看扫描结果。

① 查看网络中有多少存活主机。通过扫描发现了网络中存在 4 台存活主机，显示在窗口的左侧，如图 3-4 所示。

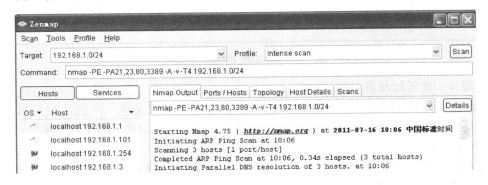

图 3-4　显示扫描存活主机数量

② 查看总体的输出结果。选择"Nmap Output"标签，查看输出结果，以主机 192.168.1.1 为例加以说明。可以看到开发端口的情况、所提供的服务和服务的版本信息，如图 3-5 所示，主机开放了 80 端口、135 端口、139 端口、445 端口、1025 端口、1026 端口等，以及它们提供的服务情况。如 80 端口提供 HTTP 服务是用 Microsoft IIS 6.0 提供的服务。我们会发现有些端口是不必要开放的，可以关闭掉，如何关闭请参看单元 1 中的有关内容。

```
PORT      STATE  SERVICE       VERSION
80/tcp    open   http          Microsoft IIS webserver 6.0
|_ HTML title: Error</title></head><body><head><title>Directory Listing Denied
135/tcp   open   msrpc         Microsoft Windows RPC
139/tcp   open   netbios-ssn
445/tcp   open   microsoft-ds  Microsoft Windows 2003 microsoft-ds
1025/tcp  open   msrpc         Microsoft Windows RPC
1026/tcp  open   msrpc         Microsoft Windows RPC
```

图 3-5　查看主机开放端口情况

输出结果中还包括主机的详细信息，主要包括主机的 MAC 地址（MAC Address）、硬件类型（Device Type）、正在运行的系统（Runing）、系统的详细信息（OS Details），如图 3-6 所示。

```
MAC Address: 00:0C:29:FE:38:E9 (VMware)
Device type: general purpose
Running: Microsoft Windows 2003
OS details: Microsoft Windows Server 2003 SP1 or SP2
```

图 3-6　查看主机的详细信息

③ 查看端口开放标签。

这个标签显示的内容和第一标签中输出的结果一致，只不过这里显示得更加清晰、明了，如图 3-7 所示。

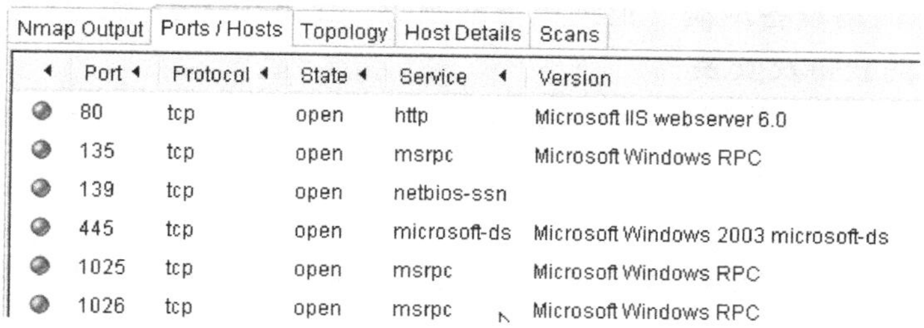

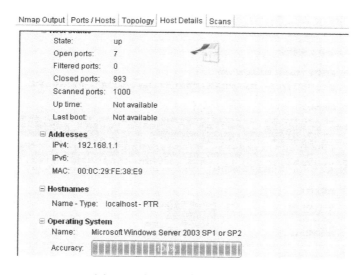

图 3-7　查看主机端口开放标签

④ 查看主机的详细信息标签。

这个标签显示的内容和第一标签中输出的结果一致，只不过这里显示得更加清晰，如图 3-8 所示。

图 3-8　查看主机详细信息标签

活动 2　使用综合扫描器扫描网段

【任务描述】

扫描器除了能扫描端口外，往往还能发现系统活动情况，以及哪些服务在运行，并且用已知的漏洞测试这些系统。有些扫描器还有进一步的功能，包括操作系统识别、应用系统识别、服务器系统识别等。

【任务分析】

小齐决定采用非常著名的 X-Scan 对公司的网站服务器进行一次全面的扫描。

【任务实战】

1．X-Scan 功能简介

X-Scan 是由安全焦点开发的一个功能强大的扫描工具。采用多线程方式对指定 IP 地址段（或单机）进行安全漏洞检测，支持插件功能，提供了图形界面和命令行两种操作方式。扫描内容包括远程服务类型、操作系统类型及版本、各种弱口令漏洞、后门、应用服务漏洞、网络设备漏洞、拒绝服务漏洞等二十多个大类。

2．X-Scan 的获得及安装

X-Scan 是完全免费的软件，无需注册，无需安装（解压缩即可运行，自动检查并安装 WinPcap 驱动程序）。

3．X-Scan 的使用

使用 X-Scan 综合扫描器扫描公司的网站服务器 192.168.1.1，看看公司的网站服务器存在哪些漏洞。

步骤 1　运行主程序以后和以前版本的差别不大，上方功能按钮包括 "扫描模块"、"扫描参数"、"开始扫描"、"暂停扫描"、"终止扫描"、"检测报告"、"使用说明"、"在线升级"、"退出"，程序运行主页面如图 3-9 所示。

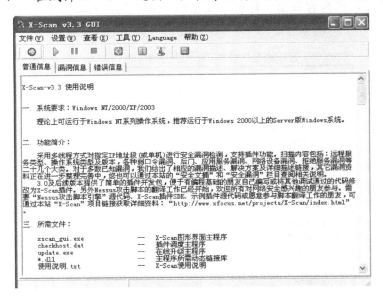

图 3-9　X-Scan 主界面

步骤 2　我们从"扫描参数"开始。打开"设置"菜单，选择"扫描参数"会出现一个"扫描参数"对话框，如图 3-10 所示。选中"指定 IP 范围"输入要检测的目标主机的域名或 IP 如 192.168.1.1，也可以对多个 IP 进行检测。如输入"192.168.1.1～192.168.1.255"，这样可以对这个网段的主机进行检测。同时也可以对不连续的 IP 地址进行扫描，只要在"从文件获取主机列表"项前面打上对勾就可以了，公司内部网站服务器的地址为 192.168.1.1。

步骤 3　单击"全局设置"前面的那个"+"号，展开后会有 4 个模块，分别是"扫描模块"、"并发扫描"、"扫描报告"、"其他设置"。首先选择"扫描模块"，在右边的边框中会显示相应的参数选项，如果是扫描少数几台计算机的话可以全选，如果扫描的主机比较多的话，要有目标地去扫描，只扫描主机开放的特定服务就可以，这样会提高扫描的效率，如图 3-11 所示。

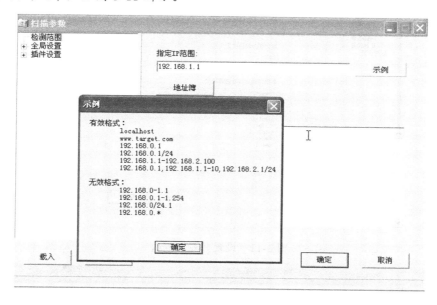

图 3-10 指定 IP 范围

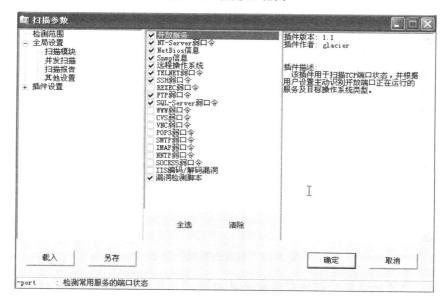

图 3-11 选择扫描模块

步骤 4 接着，选择"并发扫描"，可以设置要扫描的最大并发主机数和最大并发线程数，也可以单独为每个主机的各个插件设置最大线程数，如图 3-12 所示。

步骤 5 接下来是"扫描报告"，选择后会显示在右边的窗格中，它会生成一个检测 IP 或域名的报告文件，同时报告的文件类型可以有 3 种选择，分别是 HTML、TXT、XML，如图 3-13 所示。

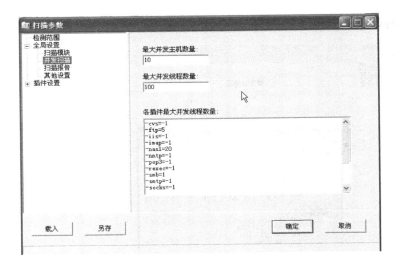

图 3-12　设置并发扫描数

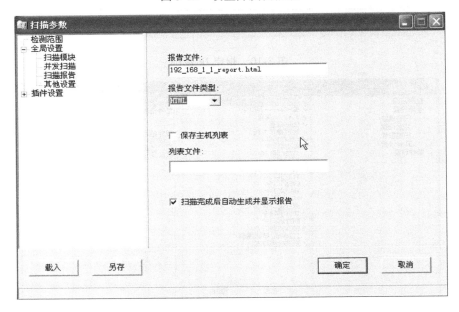

图 3-13　设置扫描报告参数

步骤 6　"其他设置"模块有两种条件扫描：一是"跳过没有响应的主机"，二是"无条件扫描"。如果设置了"跳过没有响应的主机"，对方如果禁止了 ping 或防火墙设置使对方没有响应的话，X-Scan 会自动跳过检测下一台主机。如果用"无条件扫描"的话，X-Scan 会对目标进行详细检测，这样结果会比较详细也会更加准确，但扫描时间会延长。"跳过没有检测到开放端口的主机"和"使用 Nmap 判断远程操作系统"这两项一般都是需要选上的，下边的那个"显示详细进度"项可以根据自己的实际情况选择，这个主要是显示检测的详细过程。

步骤 7　"插件设置"模块。该模块包含针对各个插件的单独设置，如"端口扫描"插件的端口范围设置、各弱口令插件的用户名/密码字典设置等。

各插件包括"端口相关设置"、"SNMP 相关设置"、"NETBIOS 相关设置"、"漏洞检测脚本设置"、"CGI 相关设置"、"字典文件设置",如图 3-14 所示。

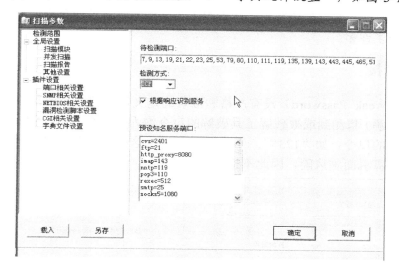

图 3-14 X-Scan 综合扫描器"插件设置"项

步骤 8 开始扫描,选择"文件"→"开始扫描"或者单击界面的快捷图标 ▷ 开始扫描。在扫描过程中,可从"文件"中选择"暂停扫描"或者"停止扫描"或单击界面的快捷图标 ‖、■ 来暂停扫描或者停止扫描,如图 3-15 所示。

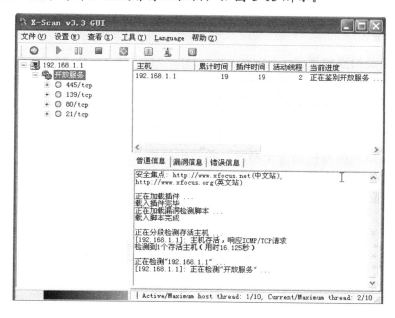

图 3-15 正在扫描

步骤 9 查看扫描报告。扫描完成后,选择"查看"→"检测报告"来打开扫描报告,以查看扫描报告。在扫描过程中,如果检测到了漏洞的话,可以在"漏洞信息"中察看。扫描结束以后会自动弹出检测报告,包括漏洞的风险级别和详细的信息,以便可以对对方主机进行详细的分析。如图 3-16 所示，在类型为"漏洞"的扫描结果中发现了严重的系统漏洞，就是 NT-server 弱口令，用户名为 Administrator、密码为 123456。

幸好及时发现，如果被黑客利用就不得了了，小齐吓出了一身冷汗，赶紧把系统的密码改得复杂了许多。

? 知识链接

弱口令（Weak Password）没有严格和准确的定义，通常认为容易被别人（他们有可能对你很了解）猜测到或被破解工具破解的口令均为弱口令。弱口令指的是仅包含简单数字和字母的口令，如"123"、"abc"等，因为这样的口令很容易被别人破解，从而使用户的计算机面临风险，因此不推荐用户使用。

类型	端口/服务	安全漏洞及解决方案：192.168.1.1
漏洞	netbios-ssn (139/tcp)	**NT-Server弱口令**
		NT-Server弱口令："administrator/123456", 帐户类型: 管理员(Administrator)
提示	netbios-ssn (139/tcp)	**开放服务**
		"netbios-ssn"服务可能运行于该端口.
		BANNER信息:
		83 .
		NESSUS_ID : 10330

图 3-16　扫描结果

【任务拓展】

一、理论题

1．简述端口扫描的原理。

2．如何扫描局域网中计算机的相关信息（主机名、IP 地址、MAC 地址等）？

3．如何发现服务器的漏洞？

二、实训

1．使用端口扫描器扫描一个网段，并写出扫描结果。

2．搜索、下载、安装一款综合扫描器，然后使用该扫描器对端口、系统漏洞进行扫描，生成扫描报告。

任务2　木马的清除与防护

"木马"全称是"特洛伊木马（Trojan Horse）"，原指古希腊士兵藏在木马内进入敌方城市从而占领敌方城市的故事。在 Internet 上，"特洛伊木马"指一些程序设计人员在其可从网络上下载（Download）的应用程序或游戏中，包含了可以控制用户计算机系统的程序，可能造成用户的系统被破坏甚至瘫痪。

由于很多新手对安全问题了解不多，所以并不知道自己的计算机中了"木马"该怎么样清除。虽然现在市面上有很多新版杀毒软件都可以自动清除"木马"，但它们并不能防范新出现的"木马"程序，因此最关键的还是要知道"木马"的工作原理，这样就会很容易发现"木马"。

活动 1　认识木马

【任务描述】

最近有员工小王向网络中心反映他的一个网友在 QQ 上说他知道小王所使用计算机的全部数据和小齐的计算机操作过程，技术主管怀疑小王的计算机被人安装了木马软件导致被人远程控制。主管让小齐来清除这个木马。

【任务分析】

小齐对木马还不是很了解，决定先了解一下什么是木马。他想先自己动手找个木马软件试一试。

【任务实战】

步骤 1　获得木马软件。

木马软件的获得非常容易，网上有很多木马软件可以下载使用。但是下载此软件的目的是为了学习，本实例以非常著名的木马"冰河"为例。

步骤 2　配置木马。

"冰河"木马无需安装，解压缩即可，这时可以看到文件夹下面有两个文件，名字分别为"G_Client.exe"和"G_Server.exe"。其中"G_Client.exe"为木马的控制程序，"G_Server.exe"为木马的服务端程序。

❓ 知识链接

一个完整的木马程序分为控制端程序和服务端程序，首先通过控制端配置服务端程序，然后把服务端程序通过各种手段让它在要种植木马的计算机上运行，这样就可以用控制端控制远程的计算机了。

（1）启动冰河木马的控制端。

双击文件夹下的文件"G_Client.exe"，打开的界面如图 3-17 所示。

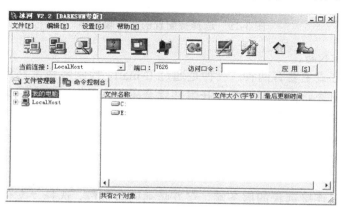

图 3-17　冰河木马控制端主界面

（2）配置服务端程序。

选择"设置"菜单中的"配置服务器程序"进行木马服务器端的配置，如图 3-18 所示。单击"待配置文件"按钮，选择服务端程序，如图 3-19 所示。单击"确定"按钮后单击"关闭"按钮。这样就制作完成了木马的服务端程序。

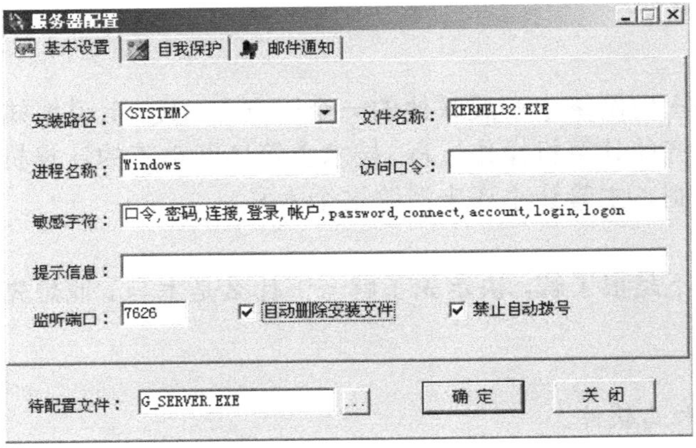

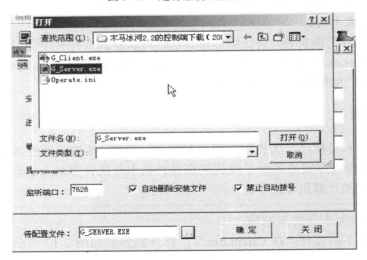

图 3-18 进行服务端的配置

图 3-19 选择待配置的服务端程序

步骤 3 传播木马。

木马的传播方式主要有两种：一种是通过 E-mail，控制端将木马程序以附件的形式夹在邮件中发送出去，收信人只要打开附件就会感染木马；另一种是软件下载，一些非正规的网站以提供软件下载为名义，将木马捆绑在软件安装程序上，下载后，只要一运行这些程序，木马就会自动安装。本实例是模拟木马的入侵，因此只是把服务端程序 G_Server 共享，然后在远程主机 192.168.1.2 上单击执行，如图 3-20 所示。

步骤 4 建立连接。

要想用控制端连接远程的服务端，双方必须同时在线，选择"文件"菜单中的"搜索计算机"，就会搜索出已经运行服务端的计算机的 IP 地址。如图 3-21 所示，已经搜索出远程主机 192.168.1.2 正在线运行服务端。

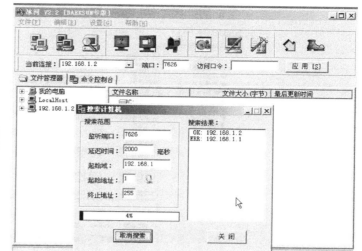

图 3-20　共享木马服务端程序　　　　　　图 3-21　搜索计算机

步骤 5　控制计算机。

（1）左侧的树形控制台中会出现地址为 192.168.1.2 的那台计算机的硬盘，可以对硬盘进行完全的读写操作，如图 3-22 所示。

图 3-22　对远程主机硬盘进行读写操作

（2）选择左侧的"命令控制台"选项卡。

命令控制台包括口令类命令、控制类命令、网络类命令、文件类命令、注册表读写、设置类命令，如图 3-23 所示。

这 6 大类命令可以实现对整个系统的完全控制，而且是在用户不知情的情况下完成的。

图 3-23　命令控制台

　　木马被激活后，进入内存，并开启事先定义的木马端口，准备与控制端建立连接。这时服务端用户可以在 MS-DOS 方式下，输入 netstat-an 命令查看端口状态，一般个人计算机在脱机状态下是不会有端口开放的，如果有端口开放，就要注意是否感染木马了。

活动 2　木马的清除与防护

【任务描述】

　　小齐通过冰河木马了解了木马的工作原理，但是会放置木马和控制并不是主要目的，那么如何清除木马呢？

【任务分析】

　　小齐准备自己动手来清除冰河木马，借此总结清除木马的一般步骤。

【任务实战】

　　当我们发现机器无故经常重启、密码信息泄露、桌面不正常时，可能就是中了木马程序，需要进行杀毒。

　　步骤 1　查看开机启动程序的注册表项。

　　判断是否存在木马：一般病毒都需要修改注册表，我们可以在注册表中查看到木马的痕迹。选择"开始"→"运行"，输入"regedit"，这样就进入了注册表编辑器，依次打开子键目录"HKEY_LOCAL_MACHINE\SOFTWARE\Microsoft\Windows\Current Version\Run"（图 3-24），在目录中我们发现第一项的数据"C：\WINDOWS\system32\Kernel32.exe"（图 3-24），Kernel32.exe 就是冰河木马程序在注册表中加入的键值，将该项删除。

步骤 2　查看开机启动服务的注册表项。

然后再打开"HKEY_LOCAL_MACHINE\SOFTWARE\Microsoft\Windows\Current Version\RunServices"（图 3-25），在目录中也发现了一个键值"C：\WINDOWS\system32\Kernel32.exe"，将其删除。删掉其在注册表中的启动项后，再删除病毒原文件。

图 3-24　注册表中的 Run 子键

图 3-25　注册表中的 RunServices 子键

？知识链接

Run 和 RunServices 中存放的键值是系统启动的程序，一般的病毒、木马、后门等都是存放在这些子键目录下，所以要经常检查这些子键目录下的程序，如有不明程序，则要认真检查。

步骤 3　删除病毒源文件。

打开"C:\WINDWOS\system32"，找到 Kernel32.exe 将其删除，然后将 C:\WINDWOS\

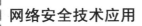

system32 中 sysexplr.exe 文件删除。之后重启机器,冰河木马就彻底被删除掉了。

步骤 4 连接测试。

在控制端再用冰河木马搜索可连接主机,图 3-26 所示是在远程主机删除木马之后搜索的结果。我们发现已经搜索不到 192.168.1.2 主机了。

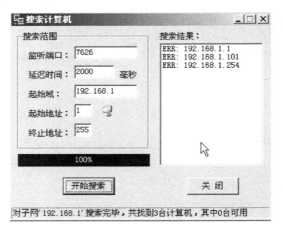

图 3-26 主机搜索结果

步骤 5 木马的防护。

为了避免木马对用户造成不必要的伤害,有必要提前采取一些措施来预防木马,即阻止木马植入系统。

(1)不要随便下载来历不明的软件。为了防止在下载和执行软件时被植入木马,最好到正规网站去下载软件,这些网站的软件更新快,且大部分都经过测试,可以放心使用。假如需要下载一些非正规网站上的软件,注意不要在在线状态下安装软件,一旦软件中含有木马程序,就有可能导致系统信息的泄露。

(2)谨慎使用电子邮件。电子邮件的使用非常广泛,为了避免木马通过电子邮件植入计算机,在收发带附件邮件时要非常小心。不要轻易地打开来历不明的邮件,如广告邮件等,打开附件时更要格外小心。

(3)安装木马防火墙。前面单元 2 介绍恶意软件的清除时已经提到了的 360 安全卫士,不但清除恶意插件非常好用,它的另一大特色就是也能清除木马,关于如何操作请参看前面章节,关于软件的详细介绍可以访问官方网站 www.360.cn 获得更多资料。

活动 3 模拟黑客入侵放置木马

【任务描述】

通过对木马原理和防御知识的学习,小齐明白了只要不下载来历不明的软件、谨慎使用电子邮件就可以让计算机不中木马了。但是近期公司网站的主页一打开,立即跳转到其他网站的页面,公司责成小齐保证网站运行正常。

【任务分析】

小齐马上对网站服务器进行检查,安装系统漏洞、软件漏洞测试工具,进行木马检测,发现了木马程序,有人恶意攻击网站。这个黑客是如何把木马放进来的,小齐准备找台备用服务器自己一探究竟。

【条件准备】

本次模拟攻击使用两台计算机，一台计算机要求是 Windows 2003 操作系统。另外一台可以是 Windows XP 或者是 Windows 2003 系统。被攻击主机要求 139 端口开放，默认共享没有关闭。

【任务实战】

步骤 1　使用 Namp 进行主机和端口扫描。

在目标区域输入要扫描的 IP 地址区域为 192.168.1.1～21，主要是探测这个 IP 地址段是否有存活主机，从图 3-27 中可以看出有一台主机 192.168.1.21 存活，而且开放了 80、135、139、445、1025、1027 等几个端口，运行的是 Windows Sever 2003 操作系统。

图 3-27　Nmap 的扫描结果

步骤 2　利用 X-San 综合扫描器探测系统漏洞。

扫描结果如图 3-28 所示。

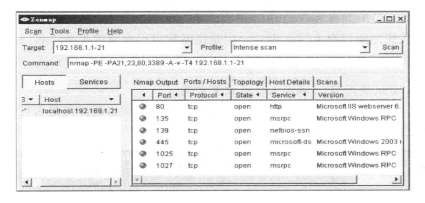

图 3-28　X-Scan 的扫描结果

从 X-Scan 的扫描结果可以看出远程主机的管理员账号和密码已经被我们破解，而且 139 端口还在开放，那么就可以尝试利用 IPC$漏洞对主机进行入侵。

？ 知识链接

IPC$（Internet Process Connection）是共享"命名管道"的资源，它是为了让进程间通信而开放的命名管道，通过提供可信任的用户名和口令，连接双方可以建立安全的通道并以此通道进行加密数据的交换，从而实现对远程计算机的访问。IPC$是 NT/2000 的一项新功能，它有一个特点，即在同一时间内，两个 IP 之间只允许建立一个连接。NT/2000 在提供了 IPC$功能的同时，在初次安装系统时还打开了默认共享，即所有的逻辑共享（c$, d$, e$……）和系统目录 winnt 或 Windows（admin$）共享。所有的这些，微软的初衷都是为了方便管理员的管理，但在有意无意中，导致了系统安全性的降低。

平时我们总能听到有人在说 IPC$漏洞，IPC$漏洞，其实 IPC$并不是一个真正意义上的漏洞，我想之所以有人这么说，一定是指微软自己安置的那个"后门"，黑客就是利用了这一个漏洞。

步骤 3 尝试使用 IPC$漏洞入侵并放置木马。

（1）使用 net use 命令并运用上一步破解的用户名和密码探测是否可以建立 IPC$远程管理连接。如图 3-29 所示，显示"命令成功完成"，表示连接已经成功建立了。

图 3-29　尝试建立 IPC$远程管理连接

？ 知识链接

net use 命令用于将计算机与共享的资源相连接，或者切断计算机与共享资源的连接。当不带选项使用本命令时，它会列出计算机的连接。

格式：net use devicename | *\\computername\sharename \volume password | */user:domain nname\username /delete | /persistent: yer | no

参数：① 输入不带参数的 net use 列出网络连接。

② devicename 指定要连接到的资源名称或要断开的设备名称。

③ \\computername\sharename 服务器及共享资源的名称。

（2）启动冰河木马的控制端，配置服务端程序 G_Server.exe，并且把它复制到 C 盘根目录下。

（3）上传木马的服务端到主机。

使用 copy 命令把 C 盘根目录下的木马服务端程序 G_Server.exe 上传到 192.168.1.21 这台主机，命令和运行结果如图 3-30 所示。

图 3-30　把木马服务端程序上传

（4）定时启动木马。

利用 net time 命令先查看远程主机的系统时间，然后利用 at 命令让木马服务端在规定时间自动运行，如图 3-31 所示。

图 3-31   利用时间作业让服务端自动运行

？ 知识链接

列出在指定的时间和日期在计算机上运行的已计划命令或计划命令和程序。必须正在运行"计划"服务才能使用 at 命令。

步骤 4   连接木马服务端。

启动冰河选择"文件"→"添加计算机"，输入远程主机的 IP 地址 192.168.1.21，单击"确定"按钮，发现主机已经显示在左侧栏中，如图 3-32 所示。

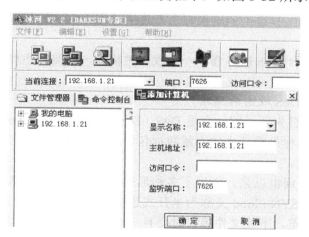

图 3-32   连接远程主机进行控制

步骤 5   防御思考。

看来，除了注意下载软件和注意电子邮件外，还要注意关闭那些不必要的端口。

【任务拓展】

一、理论题

1．什么是木马？

2．简述木马的工作原理？

3．简述木马的手工清除方法？

4．简述木马的防御方法？

二、实训

1．下载一种木马软件（如灰鸽子等）熟悉配置过程，尝试植入木马并控制。

2．对植入的木马采用手工清除的方法进行清除。

3．使用 360 安全卫士查杀木马。

 # 任务3　拒绝服务攻击与防御

分布式拒绝服务攻击（Distributed Denial of Service，DDoS）是目前黑客经常采用而难以防范的攻击手段。

活动1　模拟黑客发起 DDoS 攻击

【任务描述】

近期公司的网站被黑客攻击了，造成了公司的网站长时间不能访问，询问了安全专家，才知道原来遭受了 DDoS 攻击。

【任务分析】

小齐想弄明白 DDoS 攻击的组织方法及攻击过程。

【任务环境】

3 台计算机，一台 Web 服务器，一台攻击主机，一台测试主机。

【任务实战】

步骤 1　了解 DDoS 攻击的原理。

要了解 DDoS，首先要了解什么是 DoS（Denial of Service，DoS）。简单地说，DoS就是用超出被攻击目标处理能力的海量数据包消耗可用系统、带宽资源，致使网络服务瘫痪的一种攻击手段。

拒绝服务攻击自问世以来，衍生了多种形式，现将使用较频繁的 TCP—SYN Flood做简单介绍。TCP—SYN Flood 又称为半开式连接攻击。每当用户进行一次标准的 TCP连接（如 WWW 浏览、下载文件等）时会有一个三次握手的过程：首先是请求方向服务方发送一个 SYN 消息；服务方收到 SYN 后，会向请求方回送一个 SYN—ACK 表示确认；当请求方收到 SYN—ACK 后再次向服务方发送一个 ACK 消息。至此，一次成功的 TCP 连接建立完成，接下来就可以进行后续工作了，如图 3-33 所示。

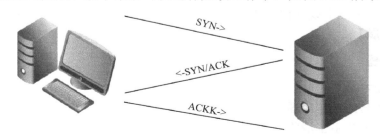

图 3-33　TCP 三次握手过程

而 TCP—SYN Flood 在它的实现过程中只有前两个步骤。当服务方收到请求方的 SYN 并回送 SYN—ACK 确认消息后，请求方由于采用源地址欺骗等手段，致使服务方得不到 ACK 回应，这样，服务方会在一定时间处于等待接收请求方 ACK 消息的状态。一台服务器可用的 TCP 连接是有限的，如果恶意攻击方快速连续地发送此类连接请求，则服务器的可用 TCP 连接队列将会很快阻塞，系统可用资源、网络可用带宽也会急剧下降，从而无法向用户提供正常的网络服务。

DDoS 攻击是在传统的 DoS 攻击基础之上产生的新一类攻击方式。在早期，拒绝服务攻击主要是针对处理能力比较弱的单机，如个人计算机（PC）或是窄带宽连接的网站，对拥有高带宽连接、高性能设备的网站影响不大。但在 1999 年底，伴随着 DDoS 的出现，这种高端网站高枕无忧的局面不复存在，与早期的 DoS 攻击由单台攻击主机发起、单兵作战的攻击方式相比较，DDoS 实现是借助数百甚至数千台被植入攻击守护进程的攻击主机同时发起的集团作战行为。在这种几百甚至几千对一的较量中，网络服务提供商所面对的破坏力是空前巨大的。

步骤 2 模拟 DDoS 攻击。

本例模拟的环境是从一台攻击主机对一台服务器发起的 DDoS 攻击。

（1）搭建 Web 服务器，并运行 Windows Server 2003，安装 IIS6.0，然后发布一个网站。此处制作了一个测试页面，用于测试 DDoS 攻击的效果，页面效果如图 3-34 所示，IIS 的设置本书不做详细说明。

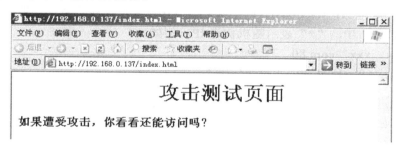

图 3-34　未被攻击时网站访问效果

（2）攻击环境的配置。

操作系统选择 Windows Server 2003，下载 DDoS 攻击软件 xdos，解压缩后将其中的 xdos.exe 文件复制到 C:\Ddos 文件夹中。

知识链接

XDos 攻击软件是一款非常小巧的命令行攻击工具，攻击效果好，操作简单。那么安装在一台计算机上只能算是 DoS 攻击，当安装在多台计算机上同时攻击时就是 DDoS 攻击了，但是需要注意的是该软件只能运行在 Windows Server 2003 操作系统上。

（3）运行软件进行攻击。

选择"开始"→"运行"进入到命令行窗口，切换到 C 盘的 Ddos 目录下，输入"xdos"运行 xdos.exe 可执行文件，按 Enter 键可以看到此软件的使用方法，如图 3-35 所示。

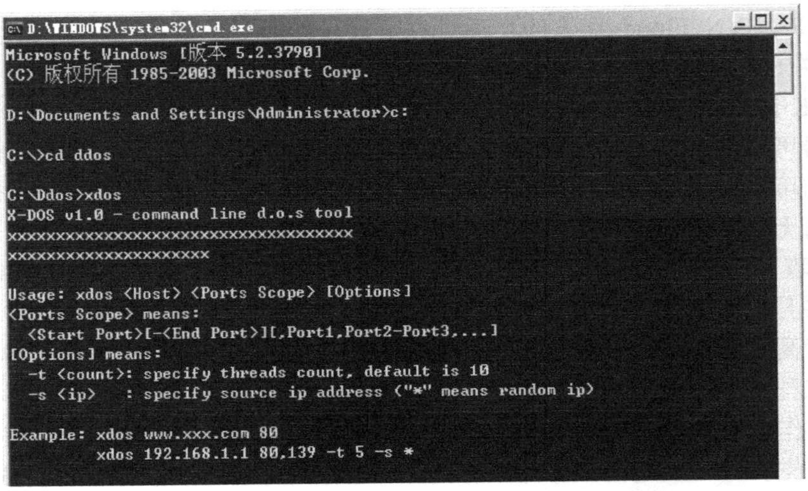

图 3-35　运行 xdos

简单说明一下 xdos 软件的使用方法。其使用格式是 xdos<Host><Ports><Ports>
[Options]，其中<Host>是被攻击的主机 IP；<Ports>为需要攻击的端口，这里是攻击 Web
服务，因此用 80 端口；[Options]有两个参数，其中-t 是攻击线程数，一般 5～10 就可以
了，-S 为指定攻击 IP，"*"表示随机伪造 IP。例如：

xdos www．xxx．com 80

xdos 192．168．1．1 80，139 -t 5—s *

现在开始进行一次 DDoS 攻击，在命令行窗口输入"xdos 192.168.0.137 80—t 10—
s 10.1.1.1"，如图 3-36 所示，则说明攻击正在进行。

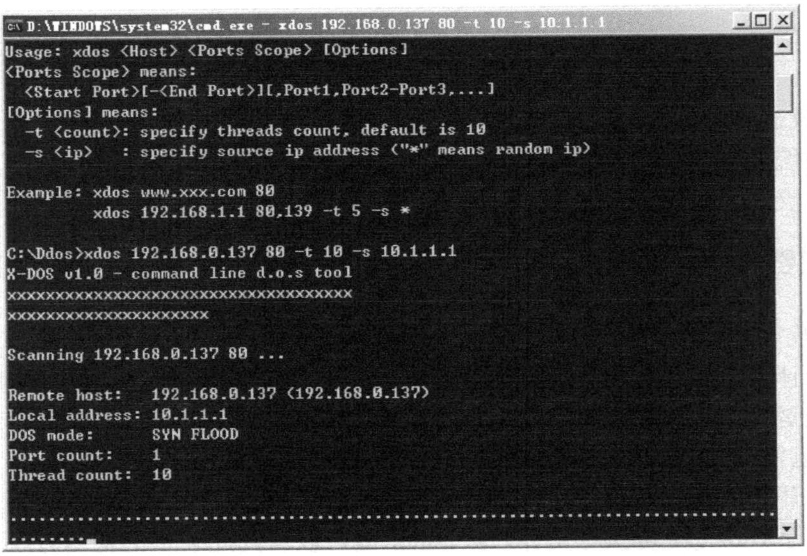

图 3-36　正在进行 DDoS 攻击

在窗口中可以看到，本次攻击目标主机的 192.168.0.137 的 80 端口，即攻击其 Web 服务，攻击采用 10 线程同时进行，并且伪造攻击源地址为 10.1.1.1。

几秒钟后，用户再次访问一下被攻击的服务器，可以看到如图 3-37 所示的网站。

被攻击服务器出现"您正在查找的页当前不可用。网站可能遇到支持问题，或者您需要调整您的浏览器设置"的提示，此时无论如何调整浏览器设置，用户都无法访问被攻击服务器上发布的网站，因为被攻击服务器已经无法正常提供 Web 服务了。

双击被攻击服务器桌面右下角的"本地连接"图标，出现"本地连接状态"对话框，如图 3-38 所示，可以看到网络流量非常大。

打开"Windows 任务管理器"，可以看到"CPU 使用"在几秒钟内由 1%升为 100%，如图 3-39 所示。

知识链接

1. 常见的 DDoS 攻击手段

常见的攻击手段有 SYN Flood、ACK Flood、UDP Flood、ICMP Flood、TCP Flood、Connections Flood、Script Flood、Proxy Flood 等。

2. DDoS 的表现形式

DDoS 的表现形式主要有两种：一种为流量攻击，主要是针对网络带宽的攻击，即大量攻击包导致网络带宽被阻塞，合法网络包被虚假的攻击包淹没而无法到达主机；另一种为资源耗尽攻击，主要是针对服务器主机的攻击，即通过大量攻击包导致主机的内存被耗尽或 CPU 被内核及应用程序占完而造成无法提供网络服务。

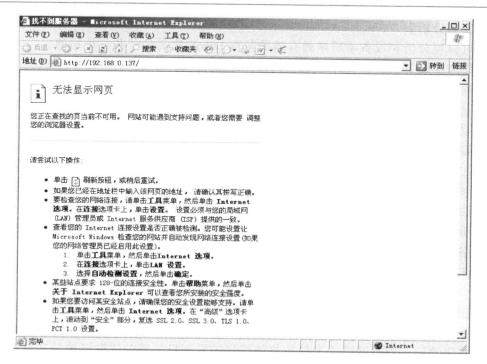

图 3-37　被攻击后网站无法访问

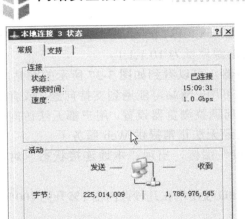
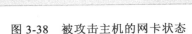
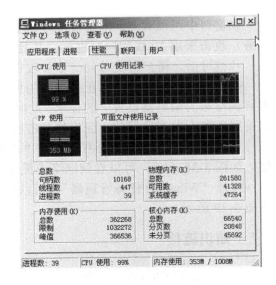

图 3-38　被攻击主机的网卡状态　　　　图 3-39　被攻击主机的 CPU 占用率

被攻击服务器已处于瘫痪状态，至此，一次模拟的 DDoS 攻击完成，攻击成功。

活动 2　DDoS 攻击防御

【任务描述】

通过实验模拟，小齐终于明白了 DDoS 的原理和攻击过程，但是不能坐以待毙啊，如何防御呢？

【任务分析】

通过原理分析和设备手册掌握有效的防范 DDoS 攻击的一些具体措施。

【任务实战】

步骤 1　采用高性能的网络设备。

首先要保证网络设备不能成为瓶颈，因此选择路由器、交换机、硬件防火墙等设备的时候要尽量选用知名度高、口碑好的产品。

步骤 2　尽量避免 NAT 的使用。

NAT（网络地址转换），是通过将专用网络地址（如企业内部网 Intranet）转换为公用地址（如互联网 Internet），从而对外隐藏了内部管理的 IP 地址。这样，通过在内部使用非注册的 IP 地址，并将它们转换为一小部分外部注册的 IP 地址，从而减少了 IP 地址注册的费用以及节省了目前越来越缺乏的地址空间（即 IPv4）。同时，这也隐藏了内部网络结构，从而降低了内部网络受到攻击的风险。

NAT 功能通常被集成到路由器、防火墙、单独的 NAT 设备中，NAT 设备（或软件）维护一个状态表，用来把内部网络的私有 IP 地址映射到外部网络的合法 IP 地址上去。每个包在 NAT 设备（或软件）中都被翻译成正确的 IP 地址发往下一级。与普通路由器不同的是，NAT 设备实际上对包头进行修改，将内部网络的源地址变为 NAT 设备自己的外部网络地址，而普通路由器仅在将数据包转发到目的地前读取源地址和目的地址。

虽然使用 NAT 可以使得外部网络对内部网络的不可视，降低了外部网络对内部网络攻击的风险性。但是，无论是路由器还是硬件防护墙设备都要尽量避免 NAT 的使用，因为 NAT 需要对地址来回转换，转换过程中需要对网络包进行校验和计算，所以浪费了很多 CPU 的时间，降低了网络通信能力，因而一旦受到 DDoS 攻击，本来就有限的网络通信能力就更不够使用了。

步骤 3　保证充足的网络带宽。

网络带宽直接决定了抵抗 DDoS 攻击的能力。假若仅有 10MB 带宽，采取任何措施都很难对抗现在的 SYN Flood 攻击，至少要选择 100MB 的共享带宽，如果能有 1000MB 的主干带宽更好。需要注意的是，主机上的网卡是 1000MB 并不意味着它的网络带宽就是千兆的，若把它接在 100MB 的交换机上，它的实际带宽不会超过 100MB，另外一点是接在 100MB 的带宽上也不等于就有了百兆的带宽，因为网络服务商很可能在交换机上限制实际带宽为 10MB。

步骤 4　升级主机服务器硬件。

在有网络带宽保证的前提下，尽量提升服务器的硬件配置。在对抗 DDoS 攻击时，起关键作用的主要是服务器的 CPU、内存及硬盘。

CPU 建议选择英特尔公司的至强（Xeon）处理器。Xeon 是英特尔公司生产的 400MHz 的奔腾微处理器，它用于"中间范围"的企业服务器和工作站。在英特尔的服务器主板上，多达 8 个 Xeon 处理器能够共用 100MHz 的总线而进行多路处理。Xeon 正在取代 Pentium Pro 而成为英特尔的主要企业微芯片。Xeon 设计用于互联网以及大量的数据处理服务，如工程、图像和多媒体等需要快速传送大量数据的应用。Xeon 是奔腾生产线的高端产品。

目前，英特尔公司推出了新的处理器技术"酷睿"技术，"酷睿"是一款领先节能的新型微架构，设计的出发点是提供卓然出众的性能和能效，提高每瓦特性能，也就是能效比。酷睿处理器采用 800～1333MHz 的前端总线频率、45nm/65nm 制程工艺、2MB/4MB/8MB/12MB/16MB L2 缓存，双核酷睿处理器通过 SmartCache 技术使两个核心共享 12MB L2 资源。

硬盘建议使用 SCSI 或 SATA 接口硬盘。现在服务器上采用的硬盘接口技术主要有 SCSI 与 SATA 两种。由于 SCSI 具有 CPU 占用率低、多任务并发操作效率高、连接设备多、连接距离远等优点，因此对于大多数的服务器应用，建议采用 SCSI 硬盘，并采用最新的 Ultra320 SCSI 控制器；SATA 硬盘也具备热插拔能力，并且可以在接口上具有很好的可伸缩性，具有比 SCSI 更好的灵活性。

步骤 5　把网站做成静态页面。

大量事实证明，网站尽可能采用静态页面，可以大大提高抗攻击能力，使黑客入侵变得很难。到现在为止，关于 HTML 的溢出还没出现。新浪、搜狐、网易等门户网站主要都是静态页面，动态脚本调用最好安装到另外一台单独主机，避免遭受攻击时破坏主服务器。当然，适当放一些不做数据库调用的脚本还是可以的。此外，最好在需要调用数据库的脚本中拒绝使用代理的访问，因为经验表明使用代理的访问 80% 属于恶意行为。

提示：静态页面一般来讲是扩展名为 html 和 htm 的页面，它没有数据库，一般要手动更新内容。

动态页面主要包括 ASP、PHP、JSP、ASP.NET 等，有数据库，页面里只是写代码，内容保存在数据库里，具有更新方便、易操作等优点。

步骤 6 增强操作系统的 TCP/IP 栈。

Windows Server 2000 和 Windows Server 2003 作为服务器操作系统，其本身具备一定的抗 DDoS 攻击的能力，默认状态下没有开启该功能，若开启的话，采用双路至强2.4GHz 的服务器配置，经过测试，可承受大约 1 万个包的攻击量。Windows Server 2003设置方法如下。

运行 regedit 命令，打开注册表编辑器，找到 HKEY_LOCAI_MACINE\SYSTEM\CurrentControlSet\Services\Tcpip\Parameters 修改 DeadGWDetectDefault 值为 0，目的是关闭无效网关的检查。为服务器设置多个网关，这样在网络不通畅的时候系统会尝试连接第二个网关，通过关闭它可以优化网络。修改 EnableICMPRedirect 值为 0，目的是禁止响应 ICMP 重定向报文。

步骤 7 安装专业抗 DDoS 防火墙。

现在国内有很多厂商生产此类产品，比较知名的有傲盾防火墙、安易防火墙等。例如，傲盾硬件 KFW—4500 防火墙，可以单台防御 4GB DDoS 流量攻击，集群防护 32GB；支持傲盾动态牵引技术，最大牵引 60GB DDoS 攻击流量。

？ 知识链接

DDoS 的表现形式主要有两种：一种为流量攻击，主要是针对网络带宽的攻击，即大量攻击包导致网络带宽被阻塞，合法网络包被虚假的攻击包淹没而无法到达主机。另一种为资源耗尽攻击，主要是针对服务器主机的攻击，即通过大量攻击包导致主机的内存被耗尽或 CPU 被内核及应用程序占完而造成无法提供网络服务。

如何判断网站是否遭受了流量攻击呢？可通过 ping 命令来测试，若发现 ping 超时或丢包严重（假定平时是正常的），则可能遭受了流量攻击，此时若发现和你的主机接在同一交换机上的服务器也访问不了了，基本可以确定是遭受了流量攻击。当然，这样测试的前提是你到服务器主机之间的 ICMP 协议没有被路由器和防火墙等设备屏蔽，否则可采取 Telnet 主机服务器的网络服务端口来测试，效果是一样的。不过有一点可以肯定，假设平时 ping 你的主机服务器和接在同一交换机上的主机服务器都是正常的，突然都 ping 不通了或者是严重丢包，如果可以排除网络故障因素的话则肯定是遭受了流量攻击，另外一个流量攻击的典型现象是，一旦遭受流量攻击，会发现用远程终端连接网站服务器会失败。

相对于流量攻击而言，资源耗尽攻击要容易判断一些。假设平时 ping 网站主机和访问网站都是正常的，发现突然网站访问非常缓慢或无法访问了，而还可以 ping 通，则很可能遭受了资源耗尽攻击，此时若在服务器上用 netstat -an 命令观察到有大量的SYN_RECEIVED、TIME_WAIT、FIN_WAIT_1 等状态存在，而 ESTABLISHED 很少，则可判定肯定是遭受了资源耗尽攻击。还有一种属于资源耗尽攻击的现象是，ping 自己的网站主机 ping 不通或者是丢包严重，而 ping 与自己的主机在同一交换机上的服务器则正常，造成这种情况的原因是网站主机遭受攻击后导致系统内核或某些应用程序 CPU利用率达到 100%，无法回应 ping 命令，其实带宽还是有的，否则就 ping 不通接在同一交换机上的主机了。

【任务拓展】

一、理论题

1. DDoS 攻击的基本原理是什么？
2. 针对 DDoS 攻击可以采取哪些应对措施？

二、实训

1. 用 XDoS 软件模拟一次 DDoS 攻击过程。
2. 小组讨论一下如何判断是否在遭受 DDoS 攻击（提示：如使用 netstat 命令）。

单元 4
网络安全状况监测与诊断

[单元学习目标]

➤ **知识目标**

    1．了解协议分析软件的工作原理

    2．了解网卡混杂模式的原理

    3．掌握协议分析软件部署的方法

    4．了解交换机端口镜像的原理

    5．掌握交换机端口镜像的配置方法

    6．掌握协议分析软件安装的方法

    7．掌握协议分析软件捕获数据包并分析的方法

    8．掌握协议分析软件检测网络故障的方法

➤ **能力目标**

    1．具备安装协议分析软件的能力

    2．具备设置交换机端口镜像的方法

    3．具备根据网络实际情况部署协议分析软件的能力

    4．具备使用协议分析软件捕获数据包并分析的能力

    5．具备使用协议分析软件检测网络故障的能力

➤ **情感态度价值观**

    1．培养认真细致的工作态度

    2．逐步形成网络安全的主动防御意识

[单元学习内容]

    随着网络的发展、技术的进步，网络安全面临的挑战也在增大。今天的网络相对以往任何时候都要复杂和重要，网络的成熟度较以往相比也有质的提高。随着 ERP、MIS、电子商务等关键系统的广泛应用，网络承载的内容也越来越重要，数据、声音、图像也越来越复杂。网络及应用系统被要求随时有效，以便复杂的应用系统能够正常工作。

    网络监测的主要内容就在于通过捕捉网络中的数据包，进行分析、解码，综合分析诊断网络中存在的故障、安全以及性能等各方面的问题，网络监测在协助网络管理员监测网络传输数据、排除网络故障等方面有着不可替代的作用，一直备受管理员的青睐。

任务 1 科来网络分析软件的获取与安装

【任务描述】

    最近齐威公司的网络经常出现一些故障，网管小齐询问了一些安全专家，建议使用网络协议分析软件进行监测排除网络故障，并给他推荐了简单易用完全中文操作界面的

科来网络分析系统。

【任务分析】

了解什么是网络分析软件及科来网络分析软件的下载安装方式。

【任务实战】

步骤1 了解什么是协议分析软件。

协议分析软件，可以理解为一个安装在计算机上的窃听设备，它可以用来窃听计算机在网络上所产生的众多的信息。简单一点解释：一部电话的窃听装置，可以用来窃听双方通话的内容，而计算机网络嗅探器则可以窃听计算机程序在网络上发送和接收到的数据。但是，计算机直接所传送的数据，事实上是大量的二进制数据。因此，一个网络窃听程序必须也使用特定的网络协议来分解嗅探到的数据，嗅探器也就必须能够识别出哪个协议对应于这个数据片断，只有这样才能够进行正确的解码。

步骤2 科来分析系统的获得。

输入网址 http://www.colasoft.com.cn/download/capsa.php，进入科来公司的官方网站即可下载到最新的免费技术交流版，如图4-1所示。

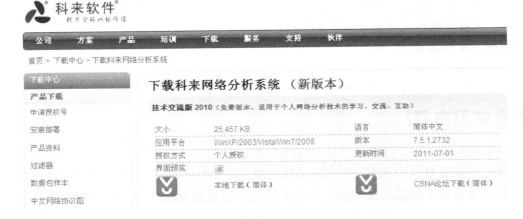

图4-1 科来软件下载

? 知识链接

科来网络分析软件简介：网络协议软件品种繁多，但是大多是国外的公司开发的、符合国外人的使用习惯的分析软件，即使有汉化版本，学习和使用起来也较困难。而科来网络分析系统是中国人自己开发具有独立知识产权的一款协议分析软件，界面友好，符合国人的使用习惯，而且对个人用户完全免费。

步骤3 产品授权号申请。

输入网址 http://www.colasoft.com.cn/download/，单击申请授权号。授权号的流程是接受协议许可→填写个人信息→发送授权信息，那么授权信息将会发送到你注册的邮箱中。注意在注册的过程中不能使用新浪的邮箱，如图4-2和图4-3所示。

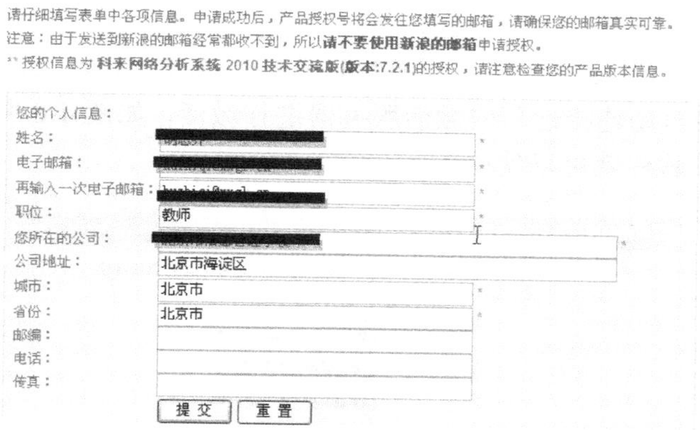

请仔细填写表单中各项信息。申请成功后，产品授权号将会发往您填写的邮箱，请保您的邮箱真实可靠。
注意：由于发送到新浪的邮箱经常都收不到，所以**请不要使用新浪的邮箱**申请授权。
** 授权信息为**科来网络分析系统 2010 技术交流版(版本:7.2.1)**的授权，请注意检查您的产品版本信息。

图 4-2　填写个人注册信息

胡志齐，您好！

感谢您申请使用科来网络分析系统 2010 技术交流版。

以下是您的产品授权信息，请妥善保存。

===
授权用户：
公司名：
产品序列号：　　　　03801-03337-16963-64502-23181
产品授权号：　　　　19721-78046-10949-01712-39172-62571-07503-57909
下载地址：　　　　http://www.colasoft.com.cn/download/capsatech.exe
===
您在下载使用本软件之前必须同意本软件许可协议规定的条款和条件。
科来网络分析系统技术交流版仅授权个人用户非商业性的使用，您所申请的授权属于非商业授权，不
得将本产品用于任何商业用途，不得泄露、出售、转让或以其他方式传播申请获得的产品序列号与产
品授权号。

商业用户如需使用科来网络分析系统，请购买正式商业版本。如需试用，请直接从我们的官方网站下
载商业演示版或与我们联系申请商业评估版。

图 4-3　收到授权信息邮件

步骤 4　科来软件的安装。

双击下载的安装程序包 csnas_tech_7.5.1.2732.exe，进入程序安装向导，和普通软件
并没有太大差异，但是在安装过程中有几个地方需要注意。

① 在安装的过程中会提示组件的安装，可选择的组件包括 MAC 地址扫描器、Ping
工具、数据包播放器、数据包生成器，这 4 款小工具无论是对于学习网络技术还是工作
都非常有帮助，建议全部选择安装，如图 4-4 所示。

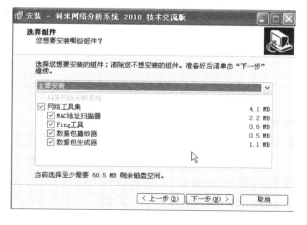

图 4-4　网络工具集安装

② 完成安装后，弹出"产品激活向导"页面，这时要打开科来发送的产品授权邮件，填写授权信息（图 4-5），填写完授权信息后，选择"在线激活"，然后单击"下一步"按钮，软件自动连接远程的激活服务器进行激活，如图 4-6 所示。信息核对正确后就完成了激活。软件就可以使用了。

图 4-5　填写授权信息

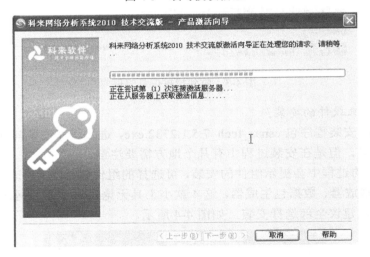

图 4-6　在线激活软件

知识链接

其他著名的协议分析软件

（1）Sniffer 网络分析仪是目前全世界最大的网络管理与安全公司——美国网络联盟公司（NAI）研制的，它是在便携式计算机或台式计算机上配上各种局域网，各种网络拓扑专用 Pod 以及强大的网络协议分析系统构成的，广泛适用于 Ethernet、Fast Ethernet，Token Ring、Switched LANS、FDDI、X.25、DDN、Frame Relay、ISDN、ATM 和 Gigabits 等网络。Sniffer 网络分析仪是一个进行网络故障和性能管理的有力工具，它能够自动地帮助网络专业人员维护网络，协助查找故障，协助扩展多拓扑结构、多协议的网络，极大地简化了发现、解决网络问题的过程。目前，还没有其他的公司能够像 NAI 公司这样提供如此多的协议解码、如此多的分析，以及自动解决如此多的网络问题。目前，Sniffer 在世界上已经获得了广泛的应用。

（2）EtherPeek 是由 WildPackets 公司设计的协议分析软件，可以在微软视窗系统与 Apple Macintosh 计算机上运行。它提供协议分析和监控能力，而且用户界面与 Sniffer Pro 非常相似。但是，EtherPeek 不能分析很多协议，这与 Sniffer Pro 不同，而且它的高级功能相对限制也比较多。

（3）Ethereal 是适用于 UNIX 视窗平台的开放资源免费网络分析软件。但是，Ethereal 只能提供协议分析，不具备很多 Sniffer Pro 的功能，如监控应用程序、高级分析和捕获变形帧等。

任务 2　科来网络分析软件的部署与使用

【任务描述】

下午 4 点，你正坐在书桌旁。你正在努力工作着，试图找出过去 8 个小时中，你公司的文件服务器性能突然下降的原因。在你公司的 200 名用户中，有将近 100 人已经打电话到公司投诉，抱怨连接速度太慢，总是处于等待状态。你现在压力很大，你检查了系统控制器、CPU 使用率和缓存，确定它们都在正常工作范围内。你甚至还更新并注册了查毒程序，然后运行，以确保没有病毒。但是问题仍然没有解决。你现在只得求助于所有你一年前收起来的参考书。你拂去书上的灰尘，开始了苦读，准备用整夜的时间来找出问题的所在。

【任务分析】

如果能够很容易找到问题所在就好了，就像打开台式机，运行一个应用程序来检查你的服务器与端口的连接。但是如果根据分析的结果，你发现可能是因为网卡太旧、设备振动或者错误操作所产生的问题，那么究竟是哪个因素影响了网络的连接呢？你甚至会惊讶地发现在你的内部网上，有些人"可能"正在向你的服务器发送"死亡之 Ping"（Ping of Death），或者进行其他类型的拒绝式服务（Denial of Service，DoS）攻击。你怎样才能指出这些问题呢？非常简单，使用网络分析系统，这些就都可以实现了。

【任务实战】

步骤 1　在网络中正确部署科来网络分析系统。

科来网络分析系统可以进行内网以及内网与外网的数据检测分析，甚至可以跨 VLAN 进行数据监测。只要安装在一台管理机器上即可，不用安装到局域网的每台机器。管理人员可以根据需要来决定网络的安装位置。安装的位置不同，捕获到的网络数据也差异很大。一般协议分析软件的部署都有 3 种方式：共享网络的部署、交换网络（交换机具有端口镜像功能）的部署、交换网络（交换机不具有端口镜像功能）。

（1）共享网络的部署。

使用集线器（Hub）作为网络中心交换设备的网络即为共享网络。集线器（Hub）是以共享模式工作在 OSI 层次的物理层。如果局域网的中心交换设备是集线器（Hub），可将科来网络分析系统安装在局域网中任意一台主机上，此时科来网络分析系统可以捕获整个网络中所有的数据通信，如图 4-7 所示。

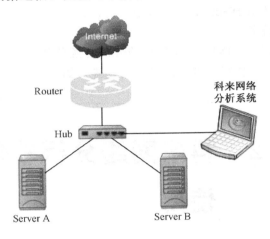

图 4-7 共享网络的部署

（2）交换网络（交换机具有端口镜像功能）的部署。

使用交换机（Switch）作为网络的中心交换设备的网络即为交换网络。交换机是（Switch）工作在 OSI 模型的数据链接层，交换机各端口之间能有效地分隔冲突域，由交换机连接的网络会将整个网络分隔成很多小的网域。

大多数三层或三层以上交换机，以及一部分二层交换机都具备端口镜像功能，当网络中的交换机具备此功能时，可在交换机上配置好端口镜像（关于交换机镜像端口），再将科来网络分析系统安装在连接镜像端口的主机上即可，此时科来网络分析系统可以捕获整个网络中所有的数据通信，如图 4-8 所示。

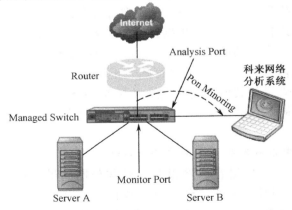

图 4-8 交换网络（交换机具有端口镜像功能）的部署

知识链接

端口镜像简介

在交换网络中，对网络数据的分析工作并没有像人们预想的那样变得更加快捷，由于交换机是进行定向转发的设备，因此网络中其他不相关的端口将无法收到其他端口的数据。例如，网管的协议分析软件安装在一台接在端口1下的机器中，而如果想分析端口2或者端口3设备之间的数据流量几乎就变得不可能了。

端口镜像技术可以将一个源端口的数据流量或者多个端口的数据流量完全镜像到另外一个目的端口进行实时分析。利用端口镜像技术，我们可以把其他端口的数据流量完全的镜像到目的端口进行分析，端口镜像完全不影响所镜像端口的工作。

（3）交换网络（交换机不具有端口镜像功能）。

一般简易型的交换机不具备管理功能，不能通过端口镜像来实现网络的监控分析。如果中心交换或网段的交换没有端口镜像功能，一般可采取串接集线器（Hub）或分接器（Tap）的方法进行部署。

使用网络分接器（Tap）：使用Tap时，成本较高，需要安装双网卡，并且管理机器不能上网，如果要上网，需要再安装另外的网卡。使用网络分接器（Tap）的部署如图4-9所示。

使用集线器（Hub）：Hub成本低，但网络流量大时，性能不高，Tap即使在网络流量大时，也不会对网络性能造成任何影响。使用集线器（Hub）的部署如图4-10所示。

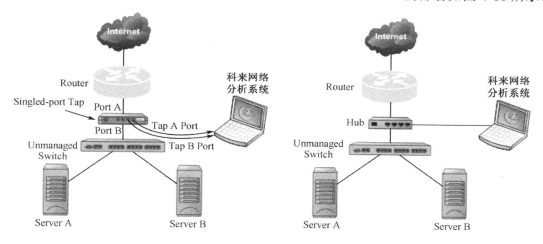

图4-9　使用网络分接器（Tap）的部署　　图4-10　使用集线器（Hub）的部署

由于齐威公司的交换机具备端口镜像功能，因此我们采用第二种部署方式。

步骤2　配置交换机端口镜像（以神州数码3950交换机为例）。

（1）创建交换机的镜像源端口。

命令：monitor session [session] source interface [interface-list] {rx| tx| both}。

参数：[session]为镜像session值，目前仅支持1；[interface-list]为镜像源端口列表，支持"，"及"-"等特殊字符；rx为镜像源端口接收的流量；tx为镜像从源端口发出的流量；both为镜像源端口入和出的流量。

命令模式：全局配置模式。

使用指南：本命令设置镜像的源端口，DCS-3950 交换机对镜像源端口没有限制，可以是一个端口，也可以是多个端口，不仅能镜像源端口的出、入流量，还能单独镜像源端口的发出流量、接收流量。

（2）创建交换机的目的端口。

命令：　monitor session [session] destination interface [interface-number]

参数：[session]为镜像 session 值，目前仅支持 1；[interface-number]为镜像目的端口。

命令模式：全局配置模式。

使用指南：DCS-3950 交换机目前仅支持一个镜像目标端口。需要注意的是，作为镜像目标端口不能是端口聚合组的成员，并且端口吞吐量最好不小于它所镜像的所有源端口的吞吐量的总和。

（3）此次工作创建端口镜像源端口和目的端口的命令如下：

DCS-3950（config）#Monitor session 1 source interface Ethernet 0/0/1-23 both

DCS-3950（config）#Monitor session 1 source interface Ethernet 0/0/24

上述这两条命令的意思就是把端口 1～23 流入和流出的数据复制一份给端口 24，这样连接在端口 24 上的科来分析系统就可以监测端口 1～23 的所有数据了。

步骤 3　启动科来进行网络流量捕获。

（1）开始进行捕获。

单击科来的桌面快捷图标或者"开始"菜单中的程序就启动了科来。科来的启动界面非常友好，便于设置。首先选择网络适配器，确定从计算机的哪个网络适配器上接收数据，如图 4-11 所示。

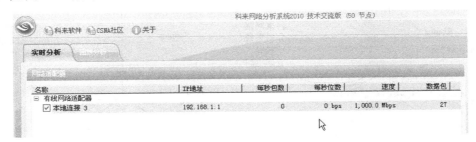

图 4-11　选择网络适配器

选择分析方案，科来分析系统不仅可以进行协议分析，并且支持更多的应用分析，系统默认选择的是"全面分析"，如图 4-12 所示。

图 4-12　选择分析方案

右侧的栏目可以设置过滤器，设定过滤器只是改变采集数据范围的重要手段。如果没有设置过滤器，将采集所有的数据。通过设置过滤器，可以只捕获所需的特定数据包，把关注的数据分离出来，过滤掉其他不需要的数据，从而提高抓包和分析的效率，如图 4-13 所示。

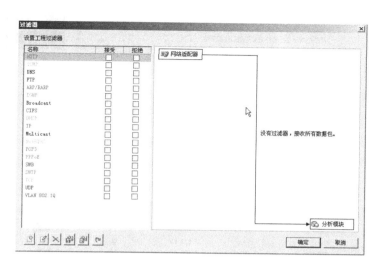

图 4-13 设置捕获过滤器

（2）网络监测。

科来网络分析系统能够时刻监视网络统计、网络上资源的利用率，并能够监视网络流量的异常状况。

① 功能区。

科来网络分析系统的功能区可以进行软件的所有设置，包括选择网络适配器、过滤器、开始和停止捕获数据按钮、网络档案、分析方案设置。还有两个实时监测网络利用率和每秒钟数据包的仪表盘面板，如图 4-14 所示。

图 4-14 功能区

② 主视图区。

系统所有分析、诊断及统计数据均在主视图区显示，主视图区包括概要统计视图、诊断统计视图、协议统计视图、会话统计视图、矩阵视图及数据包解码视图。选择相应的视图标签，可以查看相应的网络分析数据。这里重点使用诊断统计视图、协议统计视图、概要统计视图及数据包解码视图，其他视图的使用参考科来网络分析系统用户手册（可以登录网址 http://www.colasoft.com.cn/download/docs.php 下载相关资源）。

概要统计视图对网络流量及常见网络应用进行详细的统计显示。通过概要统计视图，可以快速地查看当前的网络流量、数据包大小分布、TCP 通信情况、HTTP 通信、

DNS 通信等 12 种类型的数据统计，如图 4-15 所示。

图 4-15　概要视图模式

科来网络分析系统 2010 提供了全新的诊断视图布局，分为诊断分层、诊断发生地址以及诊断事件 3 个分隔子窗口，可以非常方便和直观地查看到当前网络中发生的网络事件。诊断模块同样严格遵循 OSI 模型对网络事件进行分层显示，目前产品支持 4 个层次的故障诊断：应用层、传输层、网络层、数据链路层，如图 4-16 所示。

诊断视图中，可以了解到以下信息：

√　每条诊断的参考信息，提供该诊断的描述、存在原因与解决方法。

√　每个诊断信息提供关联的 Top N 主机排行显示。可直观看到每个诊断事件是由哪些主机触发。

√　与主机关联的诊断事件日志，帮助更迅速地发现问题主机。

√　与事件相关的数据包挖掘，可以双击某条诊断日志，弹出与该日志相关的数据包通信，快速分析问题。

协议视图提供全局的协议统计，遵循 OSI 七层协议分析，根据实际的网络协议封装顺序，不同的协议赋予不同的色彩，层次化地展现给用户，并且能够单独统计每一个层次下所使用的协议，方便用户查看。协议视图下方提供了物理端点与 IP 端点子视图，选择某个协议后，在子视图中会显示使用该协议的物理地址或 IP 地址的端点流量统计。通过协议视图对各协议占用流量及百分比的统计，可以得出当前网络中占用流量最多的协议，即当前网络中占用流量最多的服务类型；并帮助排查网络速度慢、邮件蠕虫病毒攻击、网络时断时续以及用户无法上网等网络故障。协议视图模式如图 4-17 所示。

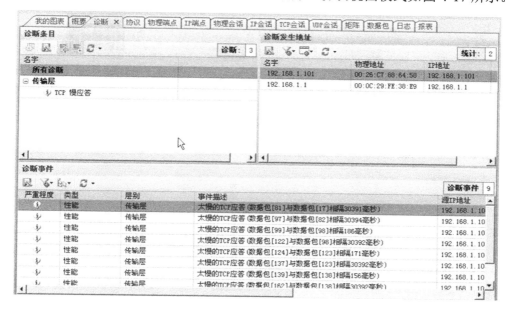

图 4-16　诊断视图模式

图 4-17　协议视图模式

　　在数据包视图中，可以详细查看网络中原始的数据包通信情况，系统对每个数据包进行详细分析，包括概要解码、字段解码、十六进制解码。

　　科来网络分析系统 2010 提供实时捕捉、实时解码功能，对捕获到的每个数据包进行实时分析和解码，帮助快速分析网络通信，如图 4-18 所示。

　　③ 捕获数据的保存及回放。

　　虽然科来具有强大的诊断和分析系统，但是当网络状况较为复杂的时候，如果根据各种视图无法判断故障怎么办？我们可以借助科来的数据包保存功能，把它保存下来，然后把它发给可以求助的专家，如图 4-19 所示。

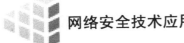

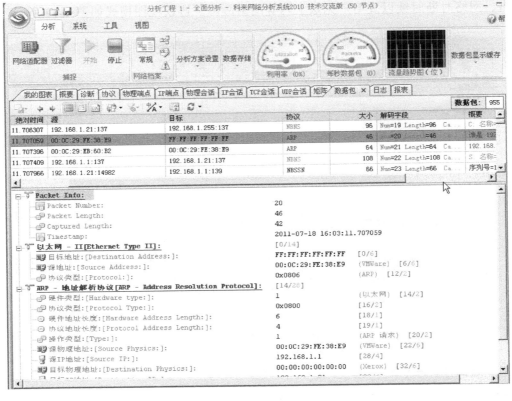

图 4-18　数据包视图模式

单击"停止"按钮，停止捕获数据。单击左上角圆形按钮选择"导出数据包"，选择要保存的位置，导出的数据包的扩展名为 cscpkt。

图 4-19　保存捕获的数据包

保存的数据包就像病人的电子病历一样，如果想再次进行分析，可以使用科来的回放分析功能，启动科来切换到"回放分析"，单击"添加"按钮就可以把以前保存的数据包文件导入进来，如图 4-20 所示。

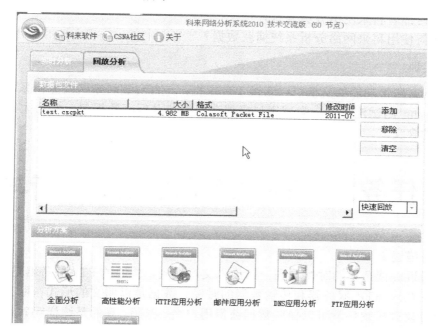

图 4-20　数据包回放分析

知识链接

网络分析系统究竟有什么用？

第一，网络分析系统可以帮助评估业务运行状态。例如，各个应用的响应时间，一个操作需要的时间，应用带宽的消耗，应用的行为特征，应用性能的瓶颈等。

第二，网络分析系统能够帮助评估网络的性能，例如，各链路的使用率，网络性能的趋势，网络中哪一些应用消耗最多带宽，网络上哪一些用户消耗最多带宽，各分支机构流量状况，影响网络性能的主要因素，可否做一些相应的控制等。

第三，网络分析系统帮助快速定位故障，我们还可以通过网络分析系统来学习各种协议。

第四，网络分析可以帮助排除潜在的威胁。网络中有各种各样的应用，有一些是关键应用，有一些是非业务应用，还有一些就是威胁，不但对我们的业务没有帮助，还可能带来危害，如病毒、木马、扫描等，网络分析系统可以快速地发现它们，并且发现攻击的来源，这就为我们做控制提供了根据。

第五，做流量的趋势分析。通过长期监控，可以发现网络流量的发展趋势，为将来进行网络改造提供建议和依据。

【任务拓展】

一、理论题

1. 什么是网络协议分析软件？

2．网络协议分析软件的作用是什么？

3．如何部署科来网络分析系统？

4．如何使用科来网络分析系统捕获数据？

二、实训

利用具有网管功能的交换机，连接 3 台主机，一台安装科来网络分析系统，另外两台之间用 ping 测试连通性，尝试用科来捕获数据包并保存数据包，并给大家说说捕获的数据包的含义。

 任务3　FTP 服务器的漏洞分析与防御

【任务描述】

小齐最近阅读杂志的时候看到一篇技术文章谈到，普通的 FTP 服务器是不安全的，普通用户在登录 FTP 服务器和传输数据的时候，数据是以明文的形式在网上传递的，如果利用协议分析软件就可以捕获数据获得用户名、密码。真的是这样吗？小齐想亲自尝试一下。

【任务分析】

首先要搭建一个模拟环境，配置 FTP 服务器，并在交换机上配置镜像端口，启动科来捕获数据，并让客户端登录 FTP 服务器，分析捕获的数据，看看是否能分析出用户名和密码。其任务实施拓扑图如图 4-20 所示。

【任务准备】

3 台主机，一台运行 FTP 服务器，一台普通客户机用来登录 FTP 服务器，另外一台运行科来网络分析系统。

【任务实战】

步骤 1　搭建任务实施环境。

FTP 服务器连接交换机端口 1、普通客户端连接端口 2、运行科来网络分析系统的主机连接交换机端口 24，如图 4-21 所示。

步骤 2　配置 FTP 服务器。

关于 FTP 服务器的搭建，使用 Windows 的组件 IIS6.0 即可，关于 IIS6.0 配置 FTP 服务器可以参考网络教程。本实例设置的用户名为 tutu，密码为 2011。

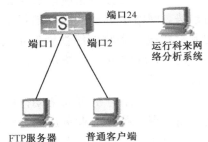

图 4-21　任务实施拓扑图

步骤 3　设置交换机的端口镜像（以神州数码 3950 交换机为例）。

进入交换机的全局模式，输入命令如下：

DCS-3950（config）#Monitor session 1 source interface Ethernet 0/0/1-2 both

DCS-3950（config）#Monitor session 1 source interface Ethernet 0/0/24

步骤 4　运行科来网络分析系统。

启动科来网络分析系统，选择要捕获的网络适配器，并设置过滤器只过滤 FTP 协议的数据，其他项选择默认设置，并开始捕获数据，如图 4-22 所示。

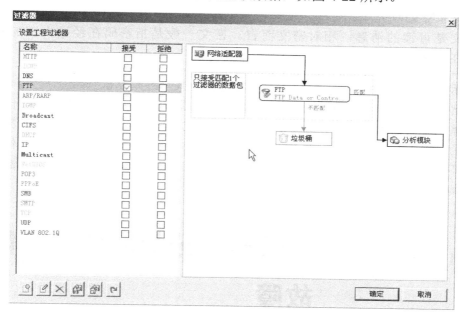

图 4-22　设置过滤器

步骤 5　客户端登录 FTP 服务器。

用建立好的用户名 tutu 和密码 2011，登录 FTP 服务器。

步骤 6　查看科来的捕获结果。

因为要分析 FTP 明文传递的数据，因此要接触数据包视图，单击数据包视图，会看到如图 4-23 所示的分析结果，科来对数据包进行了解码。

号	绝对时间	源	目标	协议	..	概要
52	21:46:47.581488	192.168.1.21:21	192.168.1.101:8215	FTP Ctrl	89	S: 257 "/" is current directory.
53	21:46:47.616462	192.168.1.101:8218	192.168.1.21:21	FTP Ctrl	70	序列号=3393735506,确认号=0000000000
54	21:46:47.623706	192.168.1.21:21	192.168.1.101:8218	FTP Ctrl	70	序列号=3992952704,确认号=3393735507
55	21:46:47.623785	192.168.1.101:8218	192.168.1.21:21	FTP Ctrl	64	序列号=3393735507,确认号=3992952705
56	21:46:47.624162	192.168.1.21:21	192.168.1.101:8218	FTP Ctrl	85	S: 220 Microsoft FTP Service
57	21:46:47.624364	192.168.1.101:8218	192.168.1.21:21	FTP Ctrl	69	C: USER tutu
58	21:46:47.624542	192.168.1.21:21	192.168.1.101:8218	FTP Ctrl	91	S: 331 Password required for tutu
59	21:46:47.624654	192.168.1.101:8218	192.168.1.21:21	FTP Ctrl	69	C: PASS 2011
60	21:46:47.625204	192.168.1.21:21	192.168.1.101:8218	FTP Ctrl	84	S: 230 User tutu logged in.

图 4-23　捕获的 FTP 数据

我们发现科来对序号为 53～55 的数据包做了概要分析，不难看出是 192.168.1.101～192.168.1.21 的三次握手建立连接的过程。三次握手后才是真正的 FTP 连接要传送的用户名和密码，序号为 57 的数据包概要提示"USER tutu"，即登录的用户名为 tutu，序号为 59 的数据包概要提示"PASS 2011"，即登录的密码为 2011。

知识链接

明文和密文

明文是可读的消息，相对密文而言。密文一般是指密码在经过人工加密后，所传输的直接信息被加密。

提示：如何打造安全的 FTP 服务器？

既然知道了 FTP 服务器是以明文方式传输数据的，特别是用户名和密码传输的安全性极差，信息很容易被盗。虽然 FTP 提供了 SSL 加密的功能，不过默认情况下是没有启用的，如大家常用的 Serv-U FTP 服务器（简称 Serv-U）。所以说为了保证传输的数据信息不被随意窃取，有必要启用 SSH 功能，提高服务器数据传输的安全性。具体 Serv-U 的设置可以参看互联网。

任务 4 科来网络分析软件检测网络故障

【任务描述】

公司的很多员工打电话给小齐，说最近网络有问题，上网速度非常缓慢，而且有的时候根本上不了网。

【任务分析】

员工反应问题后，小齐首先联系了互联网供应商，而他们近期并没有维护网络，因此排除了外因，紧接着又检查了一下网关及代理服务器，一切都运行正常。经过分析认为，网络中可能有 ARP 攻击或者蠕虫病毒、主机使用 P2P 软件等。

【任务准备】

3 台 PC 组成模拟网络环境，IP 地址配置如图 4-24 所示（也可以自行规划），一台安装运行长角牛网络监控机，一台安装科来网络分析系统。

【任务实战】

步骤 1 进行 ARP 攻击。

安装并运行长角牛网络监控机（关于长角牛网络监控机的安装使用参看本书单元 2 的相关内容），对 192.168.1.1 和 192.168.1.3 进行权限设置，断开这两台主机的所有连接，这个时候客户端已经不能通信，如图 4-25 所示。

IP:192.168.1
网关：192.168.1.254
安装科来网络分析系统

IP:192.168.1.3
网关：192.168.1.254

IP:192.168.1.21
网关：192.168.1.254
运行长角牛网络监控机

图 4-24 任务实施拓扑图

步骤 2 配置交换机端口镜像（本例使用神州数码 3950 交换机）。

进入交换机的全局模式，输入命令如下：

DCS-3950（config）#Monitor session 1 source interface Ethernet 0/0/1-2 both

DCS-3950（config）#Monitor session 1 source interface Ethernet 0/0/24

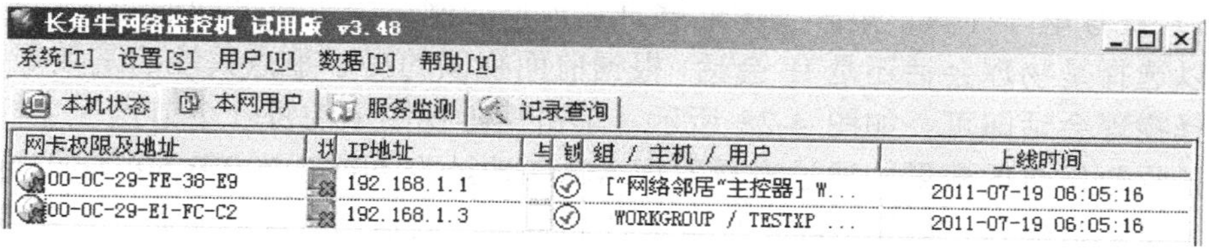

图 4-25 攻击情况

步骤 3 启动科来网络分析系统。

启动时注意选择一下网卡，而过滤器不用做任何的筛选，因为现在还无法判断到底是什么网络故障。

步骤 4 查看科来主视图区判断网络故障。

（1）查看诊断视图。诊断视图是无论诊断任何故障首先应该看的，可以快速地给出一个大概的判断。从系统提示给出的诊断来看，主要是数据链路层的问题，主要有 ARP 格式违规、ARP 请求风暴、ARP 太多的主动应答，如图 4-26 所示。

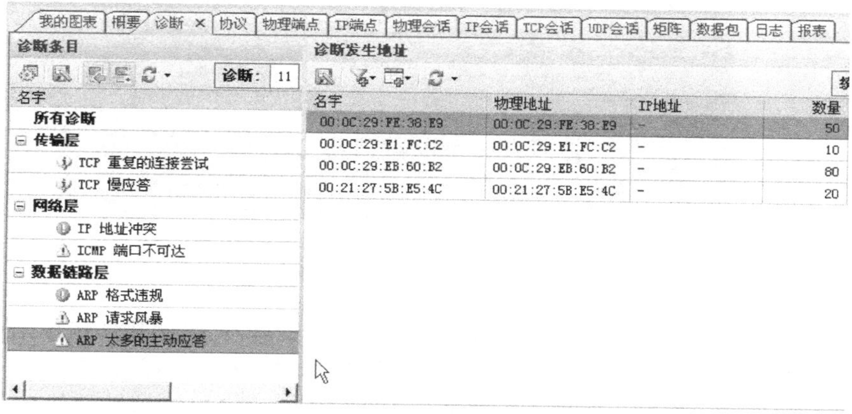

图 4-26 诊断视图给出的诊断结果

（2）查看协议视图。依据诊断视图给出的数据链路层的问题，重点查看协议视图的 ARP 协议情况。协议视图给出了网络中 ARP 数据包的情况，如图 4-27 所示。这里需要特别注意 ARP Request（ARP 请求）和 ARP Response（ARP 回应）两种数据包的个数，一般情况下，ARP 请求和 ARP 回应的个数比例大致为 1：1，如果差别较大，就表示网络中很可能存在 ARP 攻击。

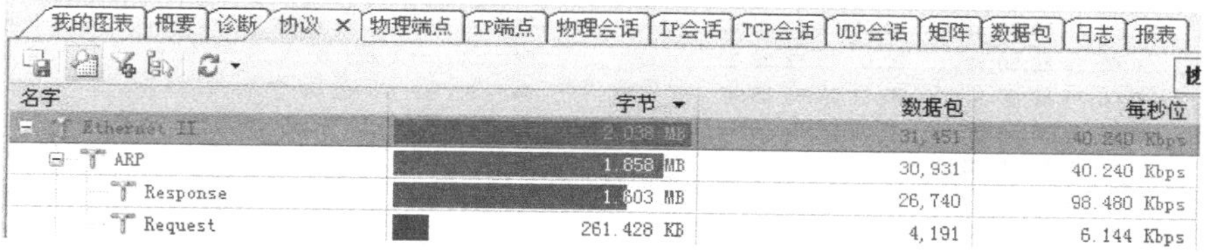

图 4-27 ARP 请求和回应数据包

图 4-26 中的 ARP Request 数据包仅有 4191 个，而 ARP Response 数据包却有 26 470 个，通过这样的数据比较，就可以推测网络中可能存在 ARP 攻击。

（3）查看矩阵视图。矩阵视图能够直观地反应网络中主机之间的通信。矩阵视图左侧可以选择是物理会话还是 IP 会话，根据前面视图的提示重点关注的是数据链路层，因此选择物理会话即可。如图 4-28 所示。单击矩阵视图中的每一个节点（主机）查看发送和接收数据包的数量，通过查看发现 MAC 地址为 00:0C:29:EB:60:B2 的这台主机发送了大量的数据包，却只接收了少量的数据包。这就是那台问题主机。它到底发送了什么数据包呢？我们再看数据包视图。

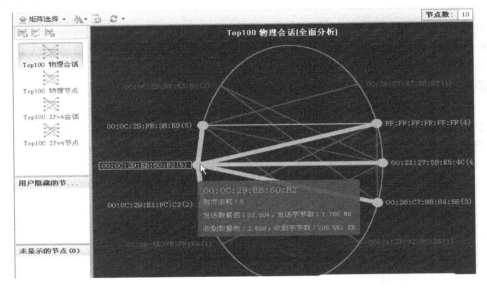

图 4-28　查看矩阵视图

（4）查看数据包视图。通过查看数据包视图（图 4-29），发现数据包视图中 MAC 地址为 00:0C:29:EB:60:B2 的主机不停的向不同的 MAC 地址发送 ARP 的回应包，从第三个数据包和第五个数据包来看，包内的内容都是 192.168.1.1 的 MAC 地址是什么，但是两个数据包的结果却不一样。这是非常典型的 ARP 欺骗，单击其中一个数据包查看数据包内的具体内容。

| 物理端点 | IP端点 | 物理会话 | IP会话 | TCP会话 | UDP会话 | 矩阵 | 数据包 × | 日志 | 报表 |

源	目标	协议	大小	摘要
00:0C:29:EB:60:B2	00:0C:29:FE:38:E9	ARP	64	谁是 192.168.1.1? 告诉 192.168.1.1
00:0C:29:FE:38:E9	00:0C:29:EB:60:B2	ARP	46	192.168.1.1 在 00:0C:29:FE:38:E9
00:0C:29:EB:60:B2	00:0C:29:FE:38:E9	ARP	64	192.168.1.1 在 00:0C:29:FF:37:16
00:0C:29:EB:60:B2	00:0C:29:FE:38:E9	ARP	64	192.168.1.3 在 00:0C:29:8C:91:AF
00:0C:29:EB:60:B2	00:0C:29:E1:FC:C2	ARP	64	192.168.1.1 在 00:0C:29:95:53:82
00:0C:29:EB:60:B2	00:0C:29:FE:38:E9	ARP	64	192.168.1.254 在 00:21:27:32:8C:25
00:0C:29:EB:60:B2	00:21:27:5B:E5:4C	ARP	64	192.168.1.1 在 00:0C:29:95:53:82
00:0C:29:EB:60:B2	00:0C:29:FE:38:E9	ARP	64	192.168.1.101 在 00:26:C7:47:AB:97
00:0C:29:EB:60:B2	00:26:C7:88:64:58	ARP	64	192.168.1.1 在 00:0C:29:95:53:82

图 4-29　查看数据包视图

如图 4-30 所示，以太网的源地址和 ARP 中的源物理地址不同，而这是发给 192.168.1.1 的回应包，告诉它 192.168.1.3 的一个错误的 MAC 地址对应关系。由此确定了网络中的故障是由 MAC 地址为 00:0C:29:EB:60:B2 的主机进行的 ARP 攻击引起的。

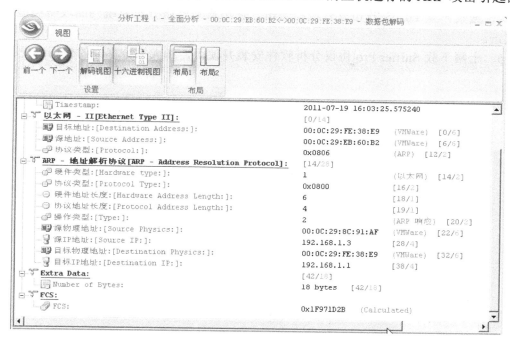

图 4-30　数据包解码视图

步骤 5　排除网络故障。

已经确定了进行 ARP 攻击的主机的 MAC 地址，但是如何判断这台主机连接到交换机的哪个端口上、如何把它断掉呢？以神州数码 3950 交换机为例，可以使用 show mac-address-table 命令查看端口和 MAC 地址的对应关系，发现 ARP 攻击的 MAC 地址，然后使用 shutdown 命令把端口关闭就可以排除网络故障了。

提示：关于网络分析软件的使用。

科来的使用水平不是短时间能够提高的，它需要我们认真研究、反复试验，幸好科来网络分析系统有丰富的网络资源，该公司的网站中有专门的版块可以下载视频学习资源和文字学习资源，另外科来的论坛更是成长的快速通道（网址：http://www.csna.cn/）。

【任务拓展】

一、理论题

1．为什么要进行端口镜像？
2．如何使用科来网络分析系统中的过滤器？
3．简述科来网络分析系统中各种视图的作用。

二、实训

1．使用科来网络分析系统获取 FTP 服务器账号和密码。

2．使用科来网络分析系统获取 Telnet 服务器账号和密码。

3．搜索一款 ARP 攻击软件模拟攻击，使用科来网络分析系统判断攻击类型并定位攻击。

4．搜索一款 DDoS 攻击软件模拟攻击，使用科来网络分析系统判断攻击类型并定位攻击。

5．上网下载 Sniffer Pro 协议分析软件安装并使用，和大家分享你的使用感受。

单元 5
网络边界安全与入侵检测

[单元学习目标]

▶ **知识目标**

1. 了解防火墙的作用及发展历史
2. 了解防火墙的分类及区别
3. 了解个人软件防火墙的工作原理
4. 了解硬件防火墙的工作原理
5. 掌握硬件防火墙的部署位置及区域划分
6. 掌握防火墙的工作模式
7. 掌握防火墙中源 NAT 和目的 NAT 的工作原理及配置方法
8. 了解防火墙流量控制的原理
9. 掌握防火墙流量控制配置的方法
10. 掌握防火墙应用层控制的配置方法
11. 了解入侵检测系统的工作原理
12. 掌握入侵检测系统的安装和部署

▶ **能力目标**

1. 具备安装软件防火墙的能力
2. 具备选购硬件防火墙的能力
3. 具备根据网络实际情况部署硬件防火墙的能力
4. 具备防火墙的路由模式配置的能力
5. 具备防火墙源 NAT 和目的 NAT 配置的能力
6. 具备入侵检测系统安装和调试的能力

▶ **情感态度价值观**

1. 培养认真细致的工作态度
2. 逐步形成网络安全的主动防御意识

[单元学习内容]

当今，计算机网络系统面临着很多来自外部的威胁，对于这种威胁最好的方法就是对来自外部的访问请求进行严格的限制。在信息安全防御技术中，能够拒敌于系统之外的铜墙铁壁就是防火墙，它是保证系统安全的第一道防线。

在网络中，为了保证个人计算机系统的安全，需要在每台计算机中配置个人防火墙。为了整个局域网的访问和控制的安全，需要在外网和内网之间安装硬件防火墙。为了实时监控网络的安全状况，发现并记录网络的入侵行为，要在网络中安装部署入侵检测系统。

任务 1　配置和应用个人防火墙

【任务描述】

网管小齐家里的计算机最近总受到黑客和木马的攻击，让他痛苦不堪，他准备安装一个个人版防火墙。

【任务分析】

个人版防火墙是防止计算机中的信息被外部侵袭的一项技术，它能在系统中监控、阻止任何未授权允许的数据进入或发送到互联网及其他网络系统。个人版防火墙能帮助用户对系统进行监控及管理。

【任务实战】

步骤 1　安装天网防火墙个人版。

天网的安装非常简单，只需要按照安装向导进行安装即可，但是有两点需要注意。

（1）在天网防火墙设置向导的安全级别设置中，可以选择使用由天网防火墙预先配置好的 3 个安全方案：低、中、高。一般情况下，使用方案"中"就可以满足需要了。

（2）选择完全级别后，单击"下一步"按钮直到向导设置完成。

步骤 2　配置安全策略。

对于天网防火墙的使用，可以不修改默认配置而直接使用，但是有时也根据需要进行配置。

天网防火墙的管理界面如图 5-1 所示。在管理界面，可以设置应用程序规则、IP 规则、系统设置，也可以查看当前应用程序网络使用情况、日志，还可以做在线升级。

图 5-1　天网防火墙主界面

（1）系统设置。

在防火墙的控制面板中单击"系统设置"按钮即可展开防火墙系统设置界面，如图 5-2 所示。

在系统设置界面中，包括基本设置、管理权限设置、在线升级设置、日志管理和入侵检测设置等。

① 在基本设置页面中，首先，选中"开机后自动启动防火墙"复选框，让防火墙开机自动运行，以保证系统始终处于监视状态。其次，单击"刷新"按钮或输入局域网地址，使配置的局域网地址确保是本机地址。

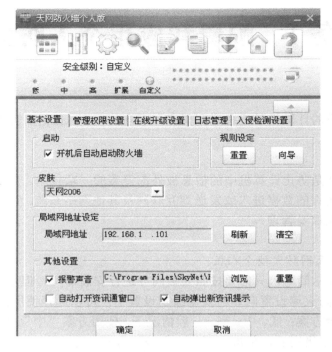

图 5-2　天网防火墙系统设置页面

② 在管理权限设置中，设置管理员密码，以保护天网防火墙本身，并且不选中，以防止除管理员外其他人随意添加应用程序访问网络权限。

③ 在在线升级设置中，选中"有新的升级包就提示"复选框，以保证能够即时升级到最新的天网防火墙版本。

④ 在入侵检测设置中，选中"启动入侵检测功能"复选框，用来检测并阻止非法入侵和破坏。

设置完成后，单击"确定"按钮，保存并退出系统设置，返回到管理主界面。

（2）应用程序规则。

天网防火墙可以对应用程序数据传输封包进行底层分析拦截。通过天网防火墙可以控制应用程序发送和接收数据传输包的类型、通信端口，并且决定拦截还是通过。

基于应用程序规则，可以随意控制应用程序访问网络的权限，例如，允许一般应用程序正常访问网络，而禁止网络游戏、BT 下载工具、QQ 即时聊天工具等访问网络。

① 在天网防火墙运行的情况下，任何应用程序只要有通信传输数据包发送和接收动作，都会被天网防火墙先截获分析，并弹出窗口，询问是"允许"还是"禁止"，让用户可以根据需要来决定是否允许应用程序访问网络。如图 5-3 所示，在安装完天网防火墙后第一次启动时，被天网防火墙拦截并询问是否允许 Microsoft Baseline Security Analyzer（微软安全基线分析器）访问网络。

如果执行"允许"，Microsoft Baseline Security Analyzer（微软安全基线分析器）将可以访问网络，但必须提供管理员密码，否则禁止该应用程序访问网络。在执行"允许"或"禁止"操作时，如果不选中"该程序以后都按照这次的操作运行"复选框，天网防火墙个人版在以后会继续截获该应用程序的传输数据包，并且弹出警告窗口；如果选中该复选框，该应用程序将自动加入到"应用程序访问网络权限设置"列表中。

管理员也可以通过"应用程序规则"来管理更为详尽的数据传输封包过滤方式，如图 5-4 所示。

图 5-3　防火墙警告信息

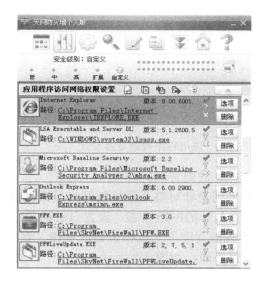

图 5-4　应用程序规则窗口

对于每一个请求访问网络的应用程序来说，都可以设置非常具体的网络访问细则。

Microsoft Baseline Security Analyzer 在被允许访问网络后，在该列表中显示"√"，即为"允许访问网络"，如图 5-4 所示。单击 Microsoft Baseline Security Analyzer 应用程序的"选项"按钮，可以对 Microsoft Baseline Security Analyzer 访问网络进行更为详细的设置，如图 5-5 所示。

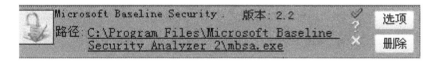

图 5-5　应用程序权限设置

在如图 5-6 所示的应用程序规则高级设置中，管理员可以设置更为详细的包括协议、端口等访问网络参数。

② 对于一些即时通信工具、游戏软件、BT 下载工具等，管理员可以通过工具栏进行增加规则，或者检查失效的路径、导入规则、导出规则、清空所有规则等操作。

下面，我们对 QQ 工具设置禁止访问网络。在天网防火墙应用程序规则管理窗口，单击工具栏"增加规则"按钮，在如图 5-7 所示的窗口中，设置 QQ 禁止访问网络。通过"浏览"按钮选择 QQ 应用程序，并选中"禁止操作"单击按钮，然后单击"确定"按钮即可。其他应用程序和工具软件禁止网络访问的管理操作类似，在此不再赘述。

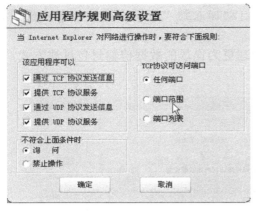

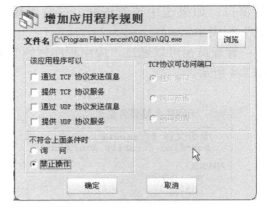

图 5-6 应用程序规则高级设置　　　　　图 5-7 禁止 QQ 访问网络设置

（3）IP 规则管理。

IP 规则是针对整个系统的网络层数据包监控而设置的。利用自定义 IP 规则，管理员可针对具体的网络状态，设置自己的 IP 安全规则，使防御手段更周到、更实用。单击"IP 规则管理"工具栏按钮或者在"安全级别"中单击"自定义"安全级别进入 IP 规则设置界面，如图 5-8 所示。

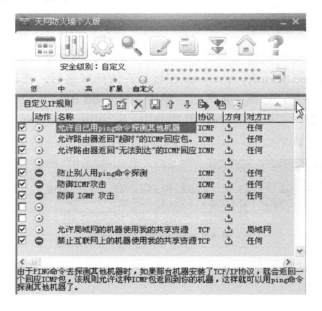

图 5-8 IP 规则管理

天网防火墙在安装完成后已经默认设置了相当好的默认规则，一般不需要做 IP 规则修改，就可以直接使用。对于默认规则各项的具体意义，这里只介绍其中比较重要的几项。

① 防御 ICMP 攻击：选择时，即别人无法用 ping 的方法来确定用户主机的存在。但不影响用户去 ping 别人。因为 ICMP 协议现在也被用来作为蓝屏攻击的一种方法，而且该协议对于普通用户来说，是很少使用到的。

② 防御 IGMP 攻击：IGMP 是用于组播的一种协议，对于 Windows 的用户是没有什么用途的，但现在也被用来作为蓝屏攻击的一种方法，建议选择此设置，不会对用户造成影响。

③ TCP 数据包监视：通过这条规则，可以监视机器与外部之间的所有 TCP 连接请求。注意，这只是一个监视规则，开启后会产生大量的日志，该规则是给熟悉 TCP / IP 协议网络的人使用的，如果不熟悉网络，请不要开启。这条规则一定要是 TCP 协议规则的第一条。

④ 禁止互联网上的机器使用"我的共享资源"：开启该规则后，别人就不能访问该计算机的共享资源，包括获取该计算机的机器名称。

⑤ 禁止所有人连接低端端口：防止所有的机器和自己的低端端口连接。由于低端端口是 TCP/IP 协议的各种标准端口，几乎所有的 Internet 服务都是在这些端口上工作的，所以这是一条非常严厉的规则，有可能会影响使用某些软件。如果需要向外面公开特定的端口，需要在本规则之前添加使该特定端口数据包可通行的规则。

⑥ 允许已经授权程序打开的端口：某些程序，如 ICQ、视频电话等软件，都会开放一些端口，这样，同伴才可以连接到用户的机器上。本规则用来保证这些软件可以正常工作。

（4）网络访问监控。

使用天网防火墙，用户不但可以控制应用程序访问权限，还可以监视该应用程序访问网络所使用的数据传输通信协议、端口等。通过使用"当前系统中所有应用程序的网络使用状况"功能，用户能够监视到所有开放端口连接的应用程序及它们使用的数据传输通信协议，任何不明程序的数据传输通信协议端口，如特洛伊木马等，都可以在应用程序网络状态下一览无遗，如图 5-9 所示。

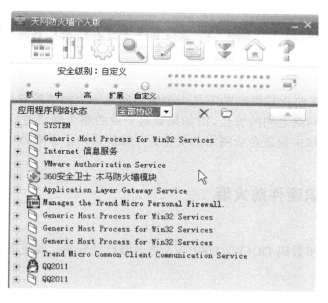

图 5-9 网络访问控制

到此为止，天网防火墙已经安装完成并能够发挥作用，保护个人计算机的安全，免受外来攻击和内部信息的泄露。

 知识链接

个人防火墙（Personal FireWall）顾名思义是一种个人行为的防范措施，这种防火墙不需要特定的网络设备，只要在用户所使用的 PC 上安装软件即可。 由于网络管理者可以远距离地进行设置和管理，终端用户在使用时不必特别在意防火墙的存在，极为适合小企业和个人的使用。

个人防火墙把用户的计算机和公共网络分隔开，它检查到达防火墙两端的所有数据包，无论是进入还是发出，从而决定该拦截这个包还是将其放行，是保护个人计算机接入互联网的安全有效措施。

常见的个人防火墙有天网防火墙个人版、瑞星个人防火墙、费尔个人防火墙、江民黑客防火墙和金山网标等。

【任务拓展】

一、理论题

1．个人防火墙的功能有哪些？

2．何时使用个人防火墙？

3．如何选择合适的个人防火墙？

二、实训

安装并配置个人防火墙。

任务2　配置和应用硬件防火墙

前面学习的个人防火墙关心的不是一个网络到另一个网络的安全，而是单个主机和与之相连接主机或网络之间的安全。而如果要对企业的整个网络进行保护还需要在网络边界安装硬件防火墙来保证企业网络的安全。齐威公司为了保障公司网络安全，购买了一台硬件防火墙。

活动1　认识硬件防火墙

【任务描述】

公司购买的神州数码 DCFW-1800E-V2 防火墙已经到货，现在需要网管员小齐去安装调试设备。

【任务分析】

小齐决定先看看产品手册和用户手册，熟悉一下防火墙各个接口和指示灯的作用。

【任务准备】

DCFW-1800E-V2 防火墙一台、Console 线一条、网络线两条、PC 一台。

【任务实战】

本书使用 DCFW-1800E-V2 防火墙，如图 5-10 和图 5-11 所示。软件版本为 DCFOS-2.0R4，如实训室环境与此不同，请参照相关版本用户手册进行操作。

步骤 1　认识防火墙各接口，理解防火墙各接口的作用。

清空按键可以清空系统的配置，恢复出厂设置。控制台接口类似于交换机的 Console 口，千兆以太网接口用来连接内外网，千兆以太网口的编号从左向右依次为 Ethernet0/0～Etherneth0/7。防火墙的后面板有两个电源接口，这是双冗余电源的设计，提高了设备的安全性。

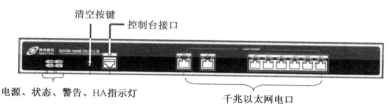

图 5-10　防火墙前面板

图 5-11　神州数码 DCFW-1800E-V2 实物图片

? 知识链接

防火墙是当今使用最为广泛的安全设备，防火墙历经几代发展，现今为非常成熟的硬件体系结构，具有专门的 Console 口，专门的区域接口。串行部署于 TCP/IP 网络中。将网络一般划分为内、外、服务器区 3 个区域，对各区域实施安全策略以保护重要网络。

防火墙类似于建筑大厦中用于防止火灾蔓延的隔断墙，网络防火墙是指放置于信任网络和非信任网络之间的网络设备。内部网络通常被看做安全的网络，而 Internet 被认为是非信任网络或者说是非安全的网络，防火墙通常被放置在这两种网络之间，通过设置访问规则过滤数据包，可以有效地提高内部网络的安全性，同时又可以确保内外网络之间的数据畅通。防火墙的部署如图 5-12 所示。

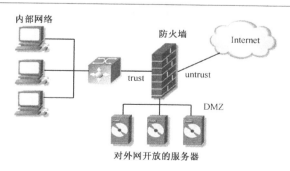

图 5-12　防火墙的部署

步骤2 使用控制电缆将防火墙与 PC 的串行接口连接，如图 5-13 所示。

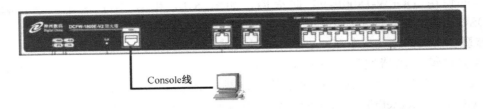

图 5-13 防火墙控制线连接

步骤3 在 PC 上启动超级终端建立与防火墙的连接，具体参数设置如下：

参数	数值
波特率	9600 bps
数据位	8
奇偶校验	无
停止位	1
数据流控制	无

步骤4 登录防火墙并熟悉各配置模式。

给DCFW-1800系列防火墙上电。防火墙会进行自检，并且自动进行系统初始化配置。如果系统启动成功，会出现登录提示"login："。在登录提示后输入默认管理员名"admin"并按Enter键，界面出现密码提示"password"，输入默认密码"admin"并按Enter键，屏幕显示"DCFW-1800#"。

在执行模式下，输入configure 命令，可进入全局配置模式。提示符如下：

DCFW-1800（config）#

防火墙的不同模块功能需要在其对应的命令行子模块模式下进行配置。在全局配置模式输入特定的命令可以进入相应的子模块配置模式。

例如，运行interface Ethernet0/0 命令进入Ethernet0/0 接口配置模式，此时的提示符变更为"DCFW-1800（config-if-eth0/0）#"。

提示：使用交叉双绞线连接防火墙和PC，此时防火墙的 LAN-link 灯亮起，表明网络的物理连接已经建立。观察指示灯状态为闪烁，表明有数据在尝试传输。

此时打开 PC 的连接状态，发现只有数据发送，没有接收到的数据，这是因为防火墙的端口默认状态下都会禁止向未经验证和配置的设备发送数据，保证数据的安全。

【任务拓展】

一、理论题

1．什么是防火墙？

2．防火墙的作用是什么？

二、实训

1．防火墙的初始状态配置信息如何？

2．怎样通过命令行查看初始配置信息？

活动 2　搭建防火墙的管理环境

【任务描述】

小齐已经认识了防火墙各个接口的作用及用 Console 口登录防火墙了，那么如何对防火墙进行管理呢，毕竟如果在其他办公区就没有办法用 Console 线进行配置了。

【任务分析】

虽然小齐已经有了配置和管理交换机和路由器的经验，但是对防火墙的管理环境搭建还是丝毫不敢大意，毕竟这个是非常重要的安全设备。其环境搭建拓扑图如图 5-14 所示。

【任务准备】

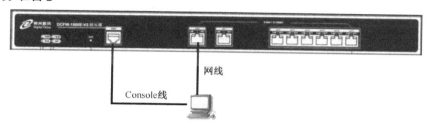

图 5-14　环境搭建拓扑图

提示： 为什么要连接防火墙的 Ethernet0/0 口？

因为防火墙的 Ethernet0/0 口是默认的管理接口，已经配置有管理地址，可以进行登录管理，方便了用户。

【任务实战】

方法 1　搭建 Telnet 的管理环境。

对于网络设备的 Telnet 的管理，因为我们接触过交换机已经不陌生了，它方便了管理员可以在网络内部任意位置对网络设备进行命令行的配置。防火墙可以搭建这样的配置环境，如图 5-14 所示。

步骤 1　输入用户名和密码登录防火墙。

步骤 2　运行 manage telnet 命令开启被连接接口的 Telnet 管理功能：

DCFW-1800#config

DCFW-1800（config）#interface Ethernet 0/0

DCFW-1800（config-if-eth0/0）#manage telnet

步骤 3　配置 PC 的 IP 地址为 192.168.1.*，从 PC 尝试与防火墙的 Telnet 连接，本任务管理主机配置的 IP 地址为 192.169.1.2，如图 5-15 所示。

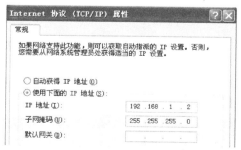

图 5-15　管理主机的 IP 地址的配置

步骤 4 在管理主机运行 telnet 命令登录。

选择"开始"→"运行"，输入CMD进入Dos窗口，输入telnet命令进行远程登录，如图5-16和图5-17所示。

图 5-16 输入 telnet 命令

图 5-17 输入默认的账号和密码

提示： 默认的管理员账号和密码都是admin。这就意味着从远程任意位置都可以用Telnet登录防火墙进行配置了。

方法 2 搭建 WebUI 管理环境。

防火墙是十分重要的安全设备，因此提供了命令行和图形界面两种配置方式，一般推荐使用图形界面，图形界面直观清晰，不容易配置出错。初次使用防火墙时，用户可以通过该Ethernet0/0接口访问防火墙的WebUI页面，登录方法如下：

步骤 1 配置 PC 的 IP 地址为 192.168.1.*（不能是 192.168.1.1）。

步骤 2 在浏览器地址栏输入 https://192.168.1.1 并按 Enter 键，系统 WebUI 的登录界面如图 5-18 所示。

图 5-18 登录界面

登录后的主界面如图 5-19 所示。

？ 知识链接

HTTPS 简介

用于安全的 HTTP 数据传输。HTTPS:URL 表明它使用了 HTTP，但 HTTPS 存在不同于 HTTP 的默认端口及一个加密/身份验证层（在 HTTP 与 TCP 之间）。这个系统的最初研发由网景公司进行，提供了身份验证与加密通信方法，现在它被广泛用于万维网上安全敏感的通信，如交易支付方面和安全设备的配置等。

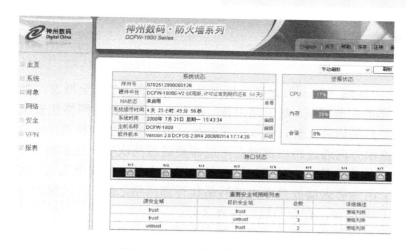

图 5-19　防火墙的管理主界面

【任务拓展】

一、理论题

神州数码 1800 系列防火墙的 Ethernet0/0 接口的作用是什么？

二、实训

如果需要在某公司的内部办公环境对防火墙设备进行管理，这种情况下不可能是用 Console 直接连接，可以使用什么方式进行管理？

活动 3　企业内网安全接入互联网

【任务描述】

齐威公司由于业务规模的不断扩大和对安全要求越来越高，已经购买了神州数码防火墙且和网络运行商联系购买了一个固定的 IP 地址 222.1.1.2/24，现在公司要求小齐配置防火墙使内网用户能访问外网，并且保证公司内部网络的安全。

【任务分析】

为了完成这个任务需使防火墙工作在路由模式，并且正确配置内外网口的地址、配置 NAT 来保证所有用户都可以通过一个公网 IP 上网，最后还要配置安全策略。其任务实施拓扑图如图 5-20 所示。

【任务准备】

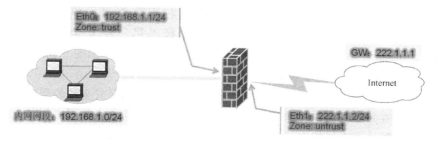

图 5-20　任务实施拓扑图

? 知识链接

Zone 简介

（1）概念。区域（Zone）是防火墙产品所引入的一个安全概念，是防火墙产品区别于通用路由器的主要特征。对于路由器，各个接口所连接的网络在安全上可以视为是平等的，没有明显的内外之分，所以即使进行一定程度的安全检查，也是在接口上完成的。一个数据流单方向通过路由器时有可能需要进行两次安全规则的检查：入接口的安全检查和出接口的安全检查，以使其符合每个接口上独立的安全定义。而这种规则不再适用于防火墙，因为防火墙放置于内部网络和外部网络之间，可以保护内部网络不受外部网络恶意用户的侵害，有着明确的内外之分。

（2）安全区域的划分。防火墙默认的安全区域划分如下。

① 非受信区域 untrust：低安全级别的安全区域，连接互联网。

② 非军事化区域 dmz：中等安全级别的安全区域，连接内网的服务器。

③ 受信区域 trust：较高安全级别的安全区域，连接内网主机。

这 3 个安全区域无需创建，也不能删除和重新设置其安全级别。除以上默认区域外，通常防火墙还支持用户自定义的区域。

【任务实战】

步骤 1 搭建网络环境。

按照网络拓扑结构图（图 5-20）搭建任务实施环境。

步骤 2 配置接口。

（1）首先通过防火墙默认 Eth0 接口地址 192.168.1.1 登录到防火墙界面进行接口的配置，通过 WebUI 登录防火墙界面，输入默认用户名 admin、密码 admin 后单击"登录"按钮，配置外网接口地址，如图 5-21 所示。

图 5-21 登录防火墙

（2）配置外网口 Ethernet0/1 地址，选择右侧菜单"网络"→"接口"，对 Ethernet0/1 接口进行如下配置。安全域类型选择"第三层安全域"，安全域选择"untrust"，选择"静态 IP"，配置 IP 地址为 222.1.1.2/24，如图 5-22 所示。

提示：什么是第三层安全域？

只有选择了第三层安全域才能为接口配置 IP 地址，第三层安全域的理解可以参照路由器，路由器工作在第三层所以接口需要配置 IP 地址，本任务中内外网之间只安装了一台防火墙，因此需要配置防火墙的内外网接口地址，使防火墙工作在路由模式，那么就可以不用放置路由器了，也可以实现内外网之间数据包的转发。安全域是逻辑概念可以包含多个接口。

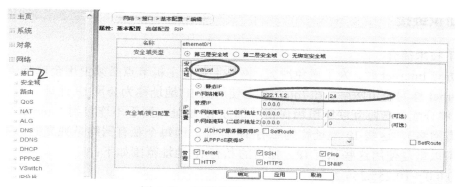

图 5-22　配置外网口 Ethernet0/1

（3）配置内网口 Ethernet0/0 地址，内网口地址使用默认地址 192.168.1.1，所以内网口不用做任何的配置。

提示：内网口有默认的 IP 地址，它已经工作在第三层安全域上，因此为了方便起见可以用 Ethernet0/0 做默认的管理接口，也可以做连接内网的接口。

步骤 3　添加路由。

添加到外网的默认路由，在目的路由中新建路由条目添加"下一跳"地址，网关输入 222.1.1.1，如图 5-23 所示。

图 5-23　添加路由

步骤 4　添加源 NAT 策略。

选择"网络"→"NAT"→"源 NAT"→"新建"，添加源 NAT 策略，源地址设置选择"Any"，出接口设置选择连接外网的"Ethernet0/1"，行为设置选择"NAT（出接口 IP）"，如图 5-24 所示。

图 5-24　添加源 NAT 策略

知识链接

NAT 技术简介

在访问 Internet 时，为了避免冲突，网络上每个主机节点必须使用全球唯一的 IP 地址，Internet 称为公用网络，在 Internet 上使用的 IP 地址称为公网 IP 地址。为了避免公网 IP 不够分配，国际互联网组织保留了部分 IP 地址，用于不连接到 Internet 的内部网络（私有网络），这些 IP 地址称为私有 IP 地址。因每个私有网络是独立的，不同的私有网络可以重复使用这些私有 IP。保留的私有 IP 地址范围如下：

10.0.0.0～10.255.255.255

172.16.0.0～172.31.255.255

192.168.0.0～192.168.255.255

当这些私有网络的主机需要访问 Internet 时，必须将主机使用的私有 IP 地址转换成公网 IP 地址，这种技术称为 NAT（Network Address Translator，网络地址转换）技术。NAT 技术不仅可以一对一转换，还可以将多个私有 IP 地址转换为一个公网 IP。NAT 技术能够通过在一个公网 IP 后附加端口号，实现与多个私有 IP 的一一对应，不仅能帮助内部网主机实现访问 Internet，还可以大量节约公网 IP 的数量。

网络地址端口转换 NAPT（Network Address Port Translation）是人们比较熟悉的一种转换方式。NAPT 普遍应用于接入设备中，它可以将中小型的网络隐藏在一个合法的 IP 地址后面。NAPT 与动态地址 NAT 不同，它将内部连接映射到外部网络中的一个单独的 IP 地址上，同时在该地址上加上一个由 NAT 设备选定的 TCP 端口号。

步骤 5 添加安全策略。

在安全/策略设置中，选择好源安全域和目的安全域后，新建策略，源地址选择"Any"，目的地址选择"Any"，行为选择 "允许"，如图 5-25 和图 5-26 所示。

图 5-25　选择安全策略的源和目的

图 5-26　配置策略

？ 知识链接

安全策略简介

定义：安全策略是网络安全设备的基本功能。默认情况下，安全设备会拒绝设备上所有安全域之间的信息传输。而策略则通过策略规则（Policy Rule）决定从一个安全域到另一个安全域的哪些流量该被允许，哪些流量该被拒绝。

策略规则的基本元素：策略规则允许或者拒绝从一个安全域到另一个安全域的流量。流量的类型、流量的源地址与目标地址以及行为构成策略规则的基本元素。

① 方向：两个安全域之间的流量的方向，指从源安全域到目标安全域（图 5-25）。

② 源地址：流量的源地址，如选"Any"表示任何地址都可以。

③ 目的地址：流量的目标地址，如选"Any"表示任何地址都可以。

④ 服务：流量的服务类型，如选"Any"表示任何服务都可以。

⑤ 时间表：策略的执行时间，如不选则表示任何时间都可以执行策略。

⑥ 行为：安全设备在遇到指定类型流量时所做的行为，包括允许（Permit）、拒绝（Deny）、隧道（Tunnel）、是否来自隧道（Fromtunnel）以及 Web 认证 5 个行为（图 5-26）。

步骤 6 任务测试。

至此，任务已经配置完成。需要进行项目的测试。

① 内网任意主机到防火墙内网口 Ethernet0/0 的连通性测试，可以 ping 通内网口。注意：内网口中 ping 的管理应该选上的才能 ping 通。

② 内网主机防火墙到外网口 Ethernet0/1 的连通性测试，可以通过内网口 ping 通外网口。

③ 可以用一台主机配置好 IP 地址模拟外网，内网到这台主机可以 ping 通，而这台主机到内网口和内网主机则不能 ping 通。

【任务拓展】

一、理论题

1．什么是安全域？

2．防火墙中默认的安全域有几个，分别是什么，各自的作用是什么？

3．防火墙的接口为什么要选择第三层安全域？

4．防火墙工作在路由模式如何设置？

二、实训

1．如果是配置 SNAT 后，只允许内网用户 9:00～18:00 浏览网页，其他时间不做任何限制，如何来实现？

2．防火墙内网口处接一台神州数码三层交换机 5950，三层交换机上设置了几个网段都可以通过防火墙来访问外网？

活动 4 发布企业内部服务器

【任务描述】

小齐经过不断尝试和努力终于把公司新买的防火墙配置成功，并放置到网络中了，自从防火墙放入后，公司内部很少受到黑客的入侵和蠕虫病毒的骚扰，受到了公司领导的好评。由于公司业务不断扩大的需要，公司决定制作公司自己的网站，并让小齐搭建网站服务器并放置在公司的网络中，小齐又接受了新的任务。

【任务分析】

防火墙上配置了源 NAT 后，内部用户在访问外网时都隐藏了私网地址，如果防火墙内部有一台服务器需要对外网用户开放，此时就必须在防火墙上配置目的 NAT，将数据包在防火墙做目的地址转换，让外网用户访问到该服务器。而且为了保证公司内网的绝对安全，服务器和内网不应放置在一个区域，而应重新规划到 dmz 区域。其任务实施拓扑图如图 5-27 所示。

【任务准备】

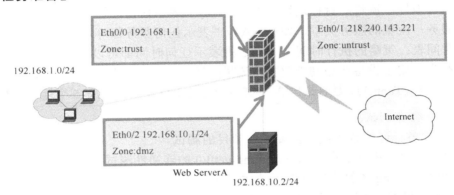

图 5-27　任务实施拓扑图

? 知识链接

DMZ 的由来及作用

DMZ 起源于军方，指的是介于严格的军事管制区和松散的公共区域之间的一种有着部分管制的区域。防火墙引用 DMZ，指代一个逻辑上和物理上都与内部网络和外部网络分离的区域。该区域可以放置需要对外提供网络服务的设备，如 Web Server、FTP Server 等。上述服务器如果放置于外部网络，则防火墙无法保障它们的安全；如果放置于内部网络，外部恶意用户则有可能利用某些服务的安全漏洞攻击内部网络。dmz 区域则很好地解决了服务器的放置问题。

【任务实战】

步骤 1　搭建任务实施环境，如图 5-27 所示。

步骤 2　配置接口地址。

（1）配置防火墙的外网口 Ethernet0/1 为第三层安全域，属于 untrust 区域，IP 地址为 218.240.143.221/24。

（2）配置防火墙连接服务器的接口 Ethernet0/1 为第三层安全域，属于 dmz 区域，IP 地址为 192.168.10.1/24。

提示：3 个区域分属于不同的网段，是可以正常通信的，防火墙的各个接口配置上 IP 地址后就已经工作在了第三层模式，相当于一台路由器了。

步骤 3　添加路由（参见上一节）。

步骤 4　添加源 NAT 策略（参见上一节）。

步骤 5　创建地址簿对象。

（1）选择左侧菜单"对象"→"地址簿"→"新建"，在新建的页面中，填写名称为"Web_serverA"（注意：此处名称的填写没有规定，只是便于记忆和管理，建议填写服务器在网络中的名字），"IP 成员"选项填写 dmz 区域的 Web 服务器的地址，实际上就建立了名字和服务器 IP 地址的一种对应关系，便于管理和配置，注意子网掩码为 32 位，如图 5-28 所示。

 知识链接

地址簿简介

在神州数码防火墙操作系统中，IP 地址是 DCFOS 多个功能模块配置的重要组成元素，如策略规则、网络地址转换规则及会话数限制等。因此，为方便引用 IP 地址，实现灵活配置，神州数码防火墙操作系统支持地址簿功能。用户可以给一个 IP 地址范围指定一个名称，在配置时，只需引用该名称。而地址簿就是神州数码防火墙操作系统中用来储存 IP 地址范围与其名称的对应关系的数据库。地址簿中的 IP 地址与名称的对应关系条目称为地址条目（Address Entry）。

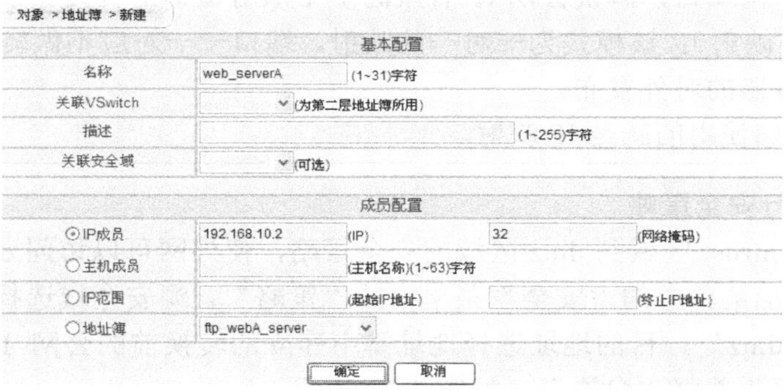

图 5-28　新建服务器内网地址簿

（2）将服务器的公网地址使用 IP_218.240.143.220 来命名，如图 5-29 所示。

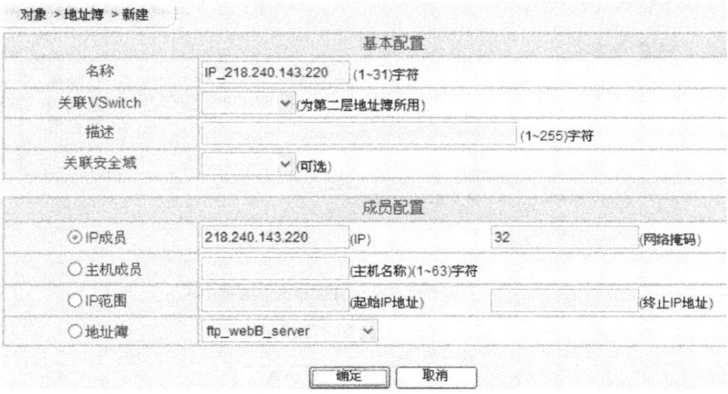

图 5-29　新建防火墙外网口地址簿

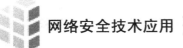

步骤 6　配置目的 NAT。

选择"网络"→"目的 NAT"→"新建",在"目的地址"中选择地址簿新建的"IP_218.240.143.220",映射目的地址选择地址簿中新建的"web_serverA",如图 5-30 所示。

图 5-30　配置目的 NAT

 知识链接

目的 NAT

转换目的 IP 地址,通常是将受路由器或者防火墙保护的内部服务器(如 WWW 服务器或者 SMTP 服务器、FTP 服务器等)的 IP 地址转换成公网 IP 地址。主要应用:通过 IP 映射或者端口映射对外发布服务器,根据工作模式分为以下两种。

① VIP(端口映射):该模式为一对多的映射,将公网某一 IP 的不同端口,映射到内网不同 IP 的不同端口,解决公网 IP 有限时多个服务器需对外发布的需求。

② MIP(IP 映射):该模式为一对一的映射,端口一一对应不做转换,通常用于公网 IP 足够时服务器的对外发布。

本任务中我们使用的就是 IP 映射。

步骤 7　放行安全策略。

(1)放行 untrust 区域到 dmz 区域的安全策略,使外网可以访问 dmz 区域服务器。

选择左侧树形菜单中的"安全"菜单中的"策略",源安全域选择"untrust",目的安全域选择"dmz",目的地址选择地址簿中建立的转换前的公网 IP 地址,服务选择"HTTP",行为选择"允许",如图 5-31 所示。

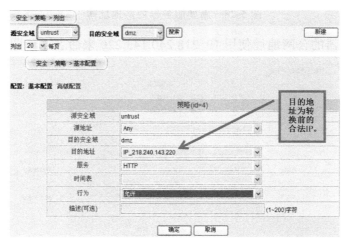

图 5-31　untrust 区域到 dmz 区域的安全策略

提示：这里的服务我们选择"HTTP"，这就意味着只可以访问该服务器的 Web 服务，即使 dmz 区域的服务器还开放了其他服务，untrust 区域的主机也无法访问，因为安全策略只放行了 HTTP 服务。

（2）放行 trust 区域到 dmz 区域的安全策略，使内网机器可以公网地址访问 dmz 区域内的服务器。放行 trust 区域到 dmz 区域的安全策略，使外网可以访问 dmz 区域服务器。选择左侧树形菜单中的"安全"菜单中的"策略"，源安全域选择"trust"，目的安全域选择"dmz"，目的地址选择地址簿中建立的转换前的公网 IP 地址，服务选择"HTTP"，行为选择"允许"，如图 5-32 所示。

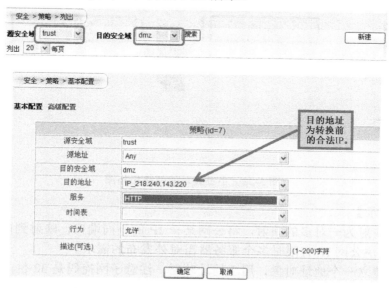

图 5-32　trust 区域到 dmz 区域的安全策略

（3）放行 trust 区域到 untrust 区域的安全策略（具体配置参见以上两步）。

步骤 8　任务测试。

至此，任务已经配置完成。需要进行项目的测试。

① 内网任意主机到防火墙内网口 Ethernet0/0 的连通性测试，可以 ping 通内网口，注意：内网口中 ping 的管理应该是选中的，才能 ping 通。

② 内网主机防火墙到外网口 Ethernet0/1 的连通性测试，可以通过内网口 ping 通外网口。

③ 可以用一台主机配置好 IP 地址模拟外网，内网到这台主机可以 ping 通，而这台主机到内网口和内网主机是不能 ping 通的。

④ 内网主机输入网址 http://218.240.143.220/即可实现对公司网站的访问。

⑤ 外网主机输入网址 http://218.240.143.220/即可实现对公司网站的访问。

【任务拓展】

一、理论题

1．什么是地址簿，它的作用是什么？

2．什么是目的 NAT，有几种类型，各自的作用是什么？

3．本任务中的目的 NAT 类型是什么？

二、实训

1．自行搭建 dmz 区域的 Web 服务器，并完成整个任务的测试。

2．小王和小齐是好朋友，小王所在的公司也购买了一台神州数码 DCFW-1800E-V2 防火墙，配置要求如下：外网口 IP 为内网 FTP Server 及 Web ServerB 做端口映射并允许外网用户访问该 Server 的 FTP 和 Web 服务，服务端口采用默认端口，如图 5-33 所示。

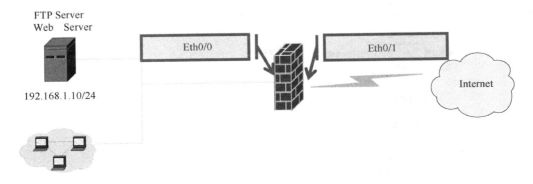

图 5-33　小王公司的网络拓扑图

【任务提示】

1．端口映射为一对多的映射，将公网某一 IP 的不同端口，映射到内网不同 IP 的不同端口，解决公网 IP 有限时多个服务器需对外发布的需求。

2．需要建立一个地址对象，用于地址映射，注意子网掩码是 32 位的。

3．创建目的 NAT，这里目的 NAT 和本节任务不同，应选择端口映射，如图 5-34 和图 5-35 所示。这里仅以创建 FTP 服务的端口映射为例，Web 服务的端口映射配置方法大致相同，请读者自行思考。

图 5-34　建立 FTP 服务器的端口映射

网络 > NAT > 目的NAT > 新建	
目的地址	ipv4.ethernet0/1
服务	FTP
映射目的地址	ftp_webB_server
映射目的端口	21　　(1~65535)

确定　　取消

图 5-35　建立 FTP 服务器的端口映射（续）

注意：目的地址项即外网用户要访问的合法 IP。因为使用防火墙外网口 IP 映射，所以此处引用防火墙中默认定义的地址对象 ipv4.ethernet0/1。该对象表示 Eth0/1 接口 IP。

服务：要对外发布的服务选择 FTP 服务器。

映射目的地址：选择地址簿中建立的地址簿对象名称自定义。

映射目的端口：采用服务的默认端口号即可。

活动5　利用防火墙进行流量控制

【任务描述】

齐威公司的网络在小齐配置完防火墙后，公司的网络健康高效地运行了。公司的出口带宽为 100Mbps，公司内部有 200 台 PC，但是公司的员工频繁反映上网速度很慢，小齐通过科来网络分析系统发现，网络中有很多用户使用 BT、迅雷等 P2P 下载软件，而有些用户在线观看视频资源等占用了大量的系统带宽。

【任务分析】

神州数码 DCFW-1800E-V2 防火墙提供了 QoS 功能，可以控制整个网络的流量和带宽。其任务实施拓扑图如图 5-36 所示。

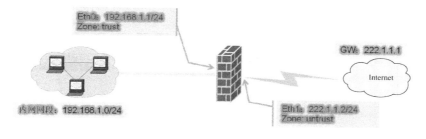

图 5-36　任务实施拓扑图

防火墙出口带宽为 100Mbps，内网最多有 200 台 PC。

1．要求 P2P 的总流量不能超过 50Mbps。

2．每个用户的上、下行最大带宽均不能超过 400kbps。

【任务准备】

【任务实战】

步骤 1　设置 P2P 的总流量不能超过 50Mbps。

（1）在 QoS 中创建一个 Class，将 P2P 协议加入到该 Class 中。

选择"网络"→"QoS"→"类别"，将 P2P 的协议类型加入到一个分组中，分组名称为"p2p"，如图 5-37 所示。

类型	值	操作
Application	BT	
Application	EMULE	
Application	XunLei	
Application	POCO	
Application	PPLive	
Application	VAGAA	

类别名称 p2p　　新建匹配规则

网络 > Qos > 类别 > 编辑

图 5-37　在 QoS 中增加 P2P 分组

知识链接

QoS（Quality of Service）即"服务质量"。它是指网络为特定流量提供更高优先服务的同时控制抖动和延迟的能力，并且能够降低数据传输丢包率。当网络过载或拥塞时，QoS 能够确保重要业务流量的正常传输。在互联网飞速发展的今天，网络中各种需要高带宽的应用层出不穷，而传统通信业务中的音频、视频等应用也加速向互联网融合，在这种趋势下就对网络为应用提供可预测、可管控的带宽服务提出了更高的要求。

DCFW-1800 系列防火墙提供了完善的 QoS 解决方案，能够对流经防火墙的各种流量实施细致深入的流控策略，能够实现对用户带宽和应用带宽的有效管理，可以根据不同网络应用的重要性为其提供不同的转发优先级。

（2）创建 QoS Profile，在 Profile 里做出对 P2P 流量的限制。

选 择 " 网 络 " → "QoS" → "Profile" ， 设 置 Profile 名 称 为 "limit-p2p-50M"，单击"添加 Class"按钮，然后将之前创建好的"p2p"Class 加入到右边成员中单击"确定"按钮，如图 5-38 所示。

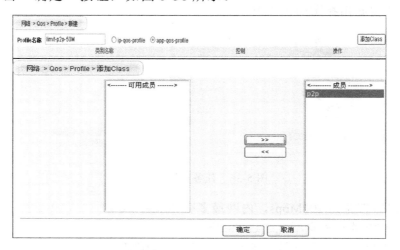

图 5-38　创建 QoS Profile

然后重新编辑该 Profile 分组，在针对"p2p"Class 设置带宽限制，如图 5-39 所示。

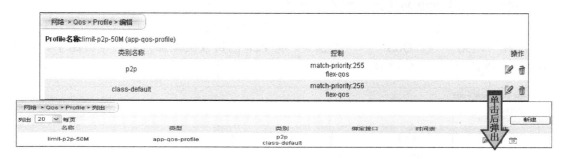

图 5-39　编辑 Profile 文件

在列出的表中单击右侧的"编辑"按钮，在高级配置中最大带宽配置为 50 000，这表示传输速率的上限为 50Mbps，如图 5-40 所示。

（3）将 P2P 限流 Profile 绑定到广域网入接口 Eth0/1 上。

将之前创建的"limit-p2p-50M"Profile 绑定到外网接口的入方向上，就可以实现限制内网下载 P2P 到 50M 的流量。

图 5-40 限定最大的带宽为 50Mbps

选择"QoS"→"绑定接口"，选择其中的 Ethernet0/1，单击后面的"编辑"按钮，进行编辑，如图 5-41 所示

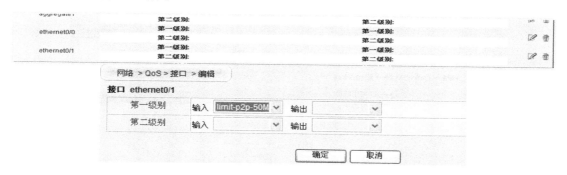

图 5-41 把配置好的 Profile 文件绑定到外网口上

提示：将定义好的 QoS Profile 绑定到 Eth0/1 接口的入方向上——也就是流入防火墙的方向，这样就可以起到限制 P2P 下载的作用了。

步骤 2 设置每个用户的上、下行最大带宽均不能超过 400kbps。

（1）使用内网 IP 地址范围创建 QoS Class，选择"网络"→"QoS"→"类别"→"新建"，首先将限制带宽的内网地址设置一个 Class，名称为"ip-range"，如图 5-42 所示。地址范围为 192.168.1.1～192.168.1.200，如图 5-43 所示。

图 5-42 新建一个限制每个 IP 上行、下行的类别

（2）创建 QoS Profile，并将创建好的 IP 范围 Class 加入其中，创建一个名称为

"per-ip-bw-limit"的 Profile，创建 Profile 时选择"ip-qos-profile"，然后将之前创建的
"ip-range"Class 拉到右边的"组成员"栏中单击"确定"按钮，如图 5-44 所示。

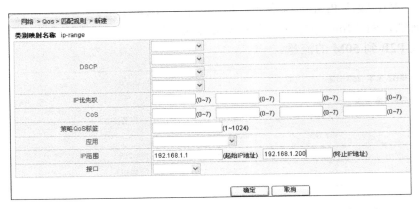

图 5-43　填写限定的 IP 地址范围

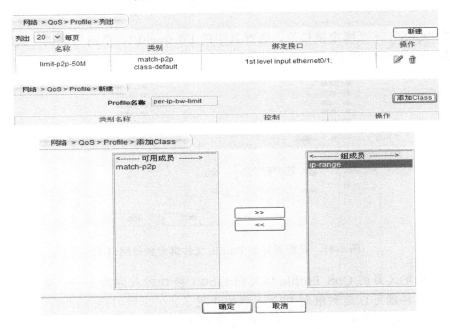

图 5-44　创建 QoS Profile

（3）编辑 QoS Class，对每个 IP 的带宽做出限制。

重新编辑 profile "per-ip-bw-limit"，如图 5-45 所示。然后针对"ip-range"的 Class
做限速，限制每个 IP 的带宽为 400kbps，开启弹性 QoS 后能达到的最大带宽为 800 kbps，
如图 5-46 所示。

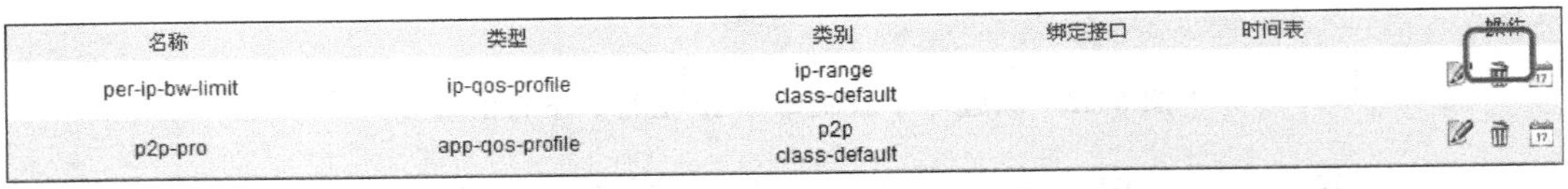

名称	类型	类别	绑定接口	时间表	操作
per-ip-bw-limit	ip-qos-profile	ip-range class-default			
p2p-pro	app-qos-profile	p2p class-default			

图 5-45　选择"per-ip-bw-limit"

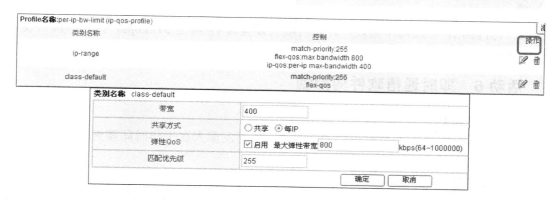

图 5-46　限制每个 IP 的带宽

（4）将 QoS Profile 绑定到外网接口。

将创建的"per-ip-bw-limit"的 Profile 绑定到接口上，一般来说，"ip-qos"要绑定在接口的第二级别上，我们在外网上出入方向上都绑定该 Profile，即针对"ip-range"内的 PC 上、下行都限制到 400kbps。选择"网络"→"QoS"→"绑定接口"，如图 5-47 所示。

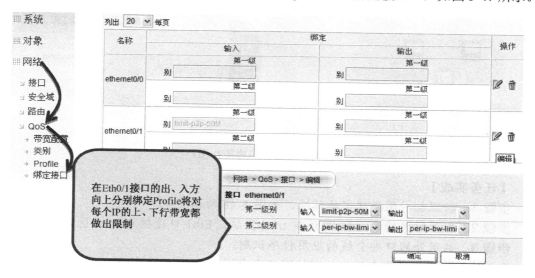

图 5-47　把 Profile 文件绑定到防火墙外网口输入/输出

【任务拓展】

一、理论题

1．什么是 QoS？

2．当配置 QoS 功能后，不同的 IP 地址可获得的最大带宽通常会被限制在一个数值之内，此时，即使接口有闲置带宽，被限制的 IP 也不可以使用，造成资源的浪费。针对这一现象应该如何避免？请参考产品手册弹性 QoS。

二、实训

1．限制内网所有用户下载外网 FTP 总流量不超过 10Mbps。

2. 将内网 IP 分成两个网段，针对网段一设置每 IP 限速 512kbps，针对网段二设置每 IP 限速 1M，如何设置？

活动 6　即时通信软件的控制

【任务描述】

经理发现公司员工上班后就把 QQ 启动，和朋友家人在工作时间聊天，严重影响了办公效率，经理找到小齐让他解决一下。

【任务分析】

公司要求上班期间禁止内网用户登录腾讯 QQ；允许内网用户登录 MSN，但禁止使用 MSN 进行文件传输；诸如此类对即时通信（IM）的控制可以在神州数码多核防火墙上来实现。其任务实施拓扑图如图 5-48 所示。

【任务准备】

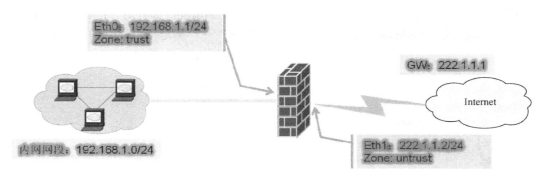

图 5-48　任务实施拓扑图

【任务实战】

步骤 1　按照拓扑图搭建实施环境，如图 5-48 所示。

步骤 2　配置防火墙的 Eth0 口连接 trust 区域，Eth1 口连接 untrust 区域。

步骤 3　启用外网口安全域的应用程序识别。

选择"网络"→"安全域"，在外网口安全域 untrust 下选中"应用程序识别"，设置该项的目的是可以识别应用层 QQ、MSN 等协议，如图 5-49 所示。

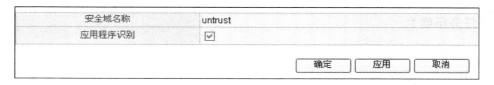

图 5-49　启用 untrust 安全域的应用程序识别

步骤 4　创建行为 Profile，对 IM 做相应动态限制。

选择"安全"→"行为 Profile"→"新建"，文件命名为"IM-profile"，如图 5-50 所示。

行为Profile名称	IM-profile	(1~31)字符		
应用名称	登录行为	文本聊天行为	文件传输行为	Get URL行为
MSN	允许 ∨	未配置 ∨	拒绝 ∨	
雅虎通	未配置 ∨	未配置 ∨	未配置 ∨	
腾讯QQ	拒绝 ∨	未配置 ∨	拒绝 ∨	
新浪UC	未配置 ∨	未配置 ∨	未配置 ∨	
网易泡泡	未配置 ∨	未配置 ∨		
Skype	未配置 ∨	未配置 ∨		
阿里旺旺淘宝	未配置 ∨	未配置 ∨		
HTTP				未配置 ∨
FTP	未配置 ∨			

图 5-50　设置应用软件的行为

　　MSN 选项中登录行为设置为"允许"，文件传输行为设置为"拒绝"；腾讯 QQ 登录行为设置为"拒绝"，文件传输行为设置为"拒绝"。

步骤5　创建一个 Profile 组。

　　选择"安全"→"Profile 组"，新建一个 Profile 组名称为"行为 profile"，并将之前创建的 IM-profile 加到该 Profile 组中单击"确定"按钮，如图 5-51 所示。

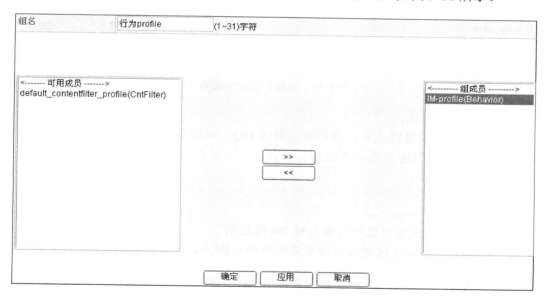

图 5-51　添加 IM-profile 到行为 profile 组

步骤6　将 Profile 组引用到安全策略中。

　　新建从 trust 区域到 untrust 区域的安全策略，其他默认设置不用修改，行为选择"允许"，选中下面的 Profile 组，并选择"行为 profile"，如图 5-52 所示。

　　策略设置完成后效果如图 5-53 所示，特征区域出现了两个折叠的小方框，表示本安全策略有应用层的特征识别。

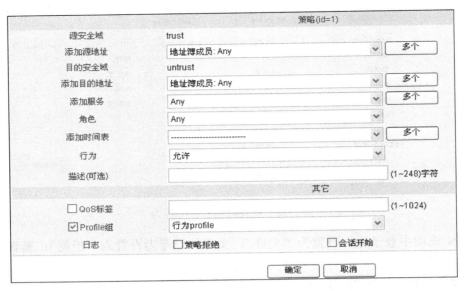

图 5-52 创建带 Profile 组的安全策略

图 5-53 设置好的安全策略

步骤 7 验证测试。

按照以上步骤设置完成后，我们可以登录 QQ，可以看到 QQ 已经不能登录到服务器，MSN 可以连接到服务器但不能传输文件。

【任务拓展】

一、理论题

1．神州数码防火墙可以针对哪几种 IM 做限制？

2．如果针对 untrust 区域没有设置应用程序识别，是否可以成功限制 IM 登录？

二、实训

搭建实验环境，拒绝内网登录 QQ 和 MSN 通信工具。

活动 7 URL 过滤配置

【任务描述】

公司已经成功限制了利用 QQ 上网聊天的行为，但是开心网等娱乐网站风靡全社会，公司员工也玩得不亦乐乎，严重影响公司业务，作为网管的小齐该怎么办呢？

【任务分析】

防火墙可实现 URL 过滤功能，设备可以控制用户的 PC 对某些网址的访问，针对内网不同权限的用户我们可以设置不同的过滤规则。其任务实施拓扑图如图 5-54 所示。

【任务准备】

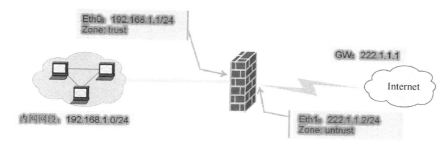

图 5-54 任务实施拓扑图

提示：本任务以限制用户对百度首页的访问为例进行说明。

【任务实战】

步骤 1 按照拓扑图搭建实施环境，如图 5-54 所示。

步骤 2 配置防火墙的 Eth0 口连接 trust 区域，Eth1 口连接 untrust 区域。

步骤 3 创建 HTTP Profile，启用 URL 过滤功能。

在"安全"→"HTTP Profile"中新建一个 HTTP Profile，名称为"http-profile"，将 URL 过滤设置成"启用"状态单击"确定"按钮即可，如图 5-55 所示。

图 5-55 新建 HTTP Profile

步骤 4 创建 Profile 组，添加"http-profile"。

选择"安全"→"Profile 组"，新建一个名为"URL 过滤"的 Profile 组，并将之前创建好的 HTTP Profile 加入到该 Profile 组中单击"确定"按钮，如图 5-56 所示。

步骤 5 设置 URL 过滤。

选择"安全"→"URL 过滤"，设置 URL 过滤规则，实验中要求只是限制访问 Baidu 首页，在黑名单 URL 中输入 www.baidu.com，单击"添加"按钮将其添加到黑名单列表中。单击"确定"按钮即可，如图 5-57 所示。

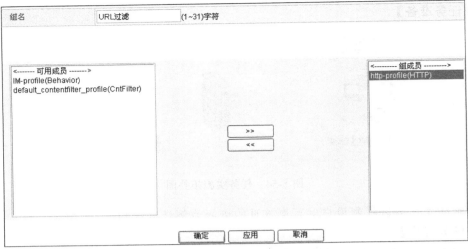

图 5-56　添加"http-profile"

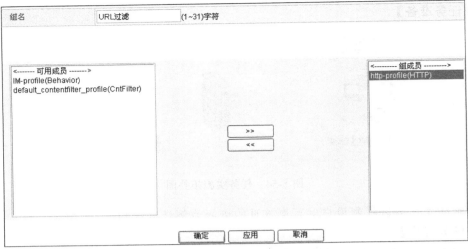

图 5-57　添加 URL 黑名单

提示：现在的防火墙功能越来越强大，基本上都是混合型防火墙，不但能在网络层上对数据包的流向等进行控制，而且有了一些应用层的功能。

步骤 6　在安全策略中引用 Profile 组。

选中"Profile 组"复选框，并选择"URL 过滤"，如图 5-58 所示。

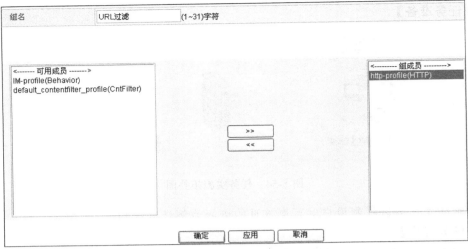

图 5-58　设置安全策略

步骤7　测试验证。

如图 5-59 所示，内网用户在访问 baidu 首页时便会提示"访问被拒绝"。

图 5-59　访问被拒绝页面

【任务拓展】

一、理论题

1. 要求内网用户只能访问规定的几个网站，如何实现？
2. 要求内网用户不能访问带有 baidu 关键字的网站，如何实现？

二、实训

要求内网用户只能访问 www.baidu.com 和 www.sina.com.cn，请搭建实验环境实现。

活动8　公司内部 Web 接入认证配置

【任务描述】

公司员工数量的增加给网络管理带来诸多不便，小齐报请公司决定公司员工登录互联网采取授权的方式。按照公司部门进行划分组别，每个人一个账号，以后可以对每个部门进行控制。例如，不想让研发部的员工上外网，我们就可以利用 Web 认证进行控制。公司同意了小齐的想法。

【任务分析】

在执行本任务之前，小齐决定搭建一个简单的模拟环境测试一下。如图 5-60 所示，内网用户首次访问 Internet 时需要通过 Web 认证才能上网，且内网用户划分为两个用户组 usergroup1 和 usergroup2，其中 usergroup1 组中的用户在通过认证后仅能浏览 Web 页面，usergroup2 组中的用户通过认证后仅能使用 FTP。

【任务准备】

步骤1　开启 Web 认证功能。

防火墙 Web 认证功能默认是"关闭"状态，需要手工在"系统"→"管理"→"管理接口"中将其开启，Web 认证有 HTTP 和 HTTPS 两种模式，如图 5-61 所示。

图 5-60　任务实施拓扑图

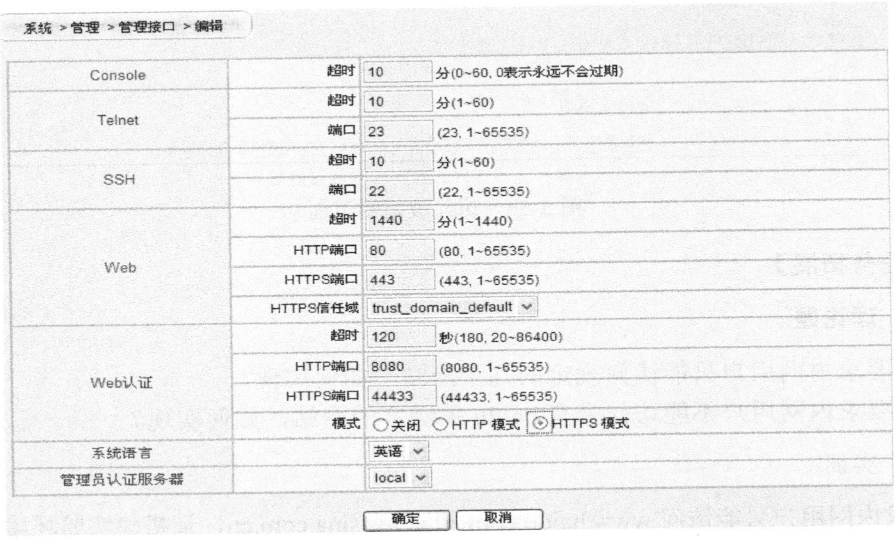

图 5-61　开启 Web 认证功能

　　提示：防火墙支持 HTTP 和 HTTPS 两种认证模式。HTTP 模式更为快捷，而 HTTPS 模式更为安全。这里使用 HTTPS 模式。

　　步骤 2　创建 AAA 认证服务器。

　　在开启防火墙认证功能后，需要在"对象"→"AAA 服务器"中设置一个认证服务器，防火墙能够支持本地认证、Radius 认证、Active-Directory 认证和 LDAP 认证。在本实验中使用防火墙的本地认证，在此选择认证类型为"本地"，如图 5-62 所示。

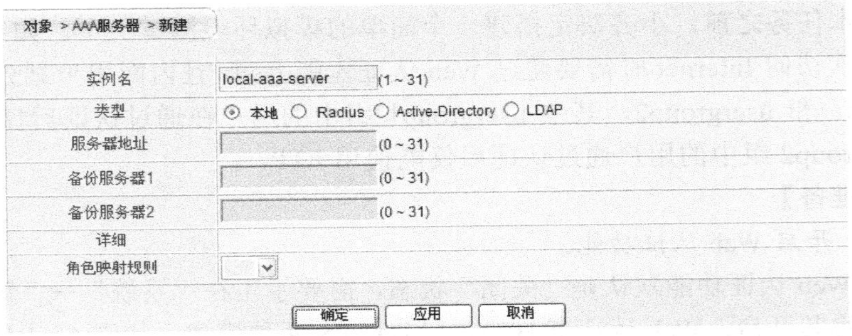

图 5-62　创建 AAA 认证服务器

步骤3 创建用户及用户组，并将用户划归不同的用户组。

既然要做认证，需要在防火墙的"对象"→"用户组"中设置用户组，在本任务中设置了 usergroup1 和 usergroup2 两个用户组，如图 5-63 所示。

图 5-63 添加两个用户组

然后选择"对象"→"用户"，首先在本地服务器中选择之前创建好的 local-aaa-server 认证服务器，在该服务器下创建 user1 用户，并将该用户设置到 usergroup1 用户组中，同样的方法创建 user2 用户，并将 user2 用户设置到 usergroup2 组中，如图 5-64 和图 5-65 所示。

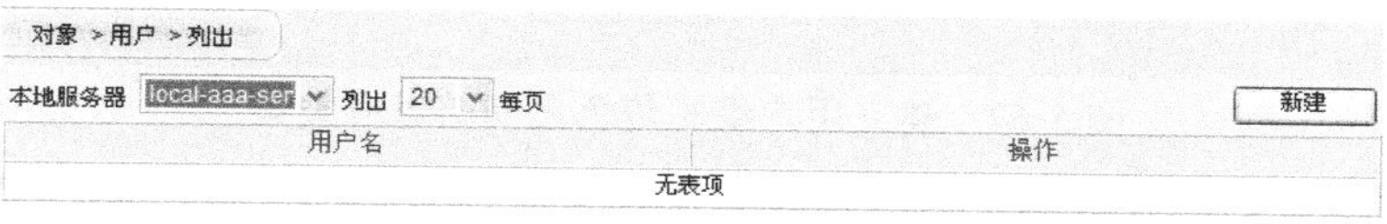

图 5-64 选择认证服务器

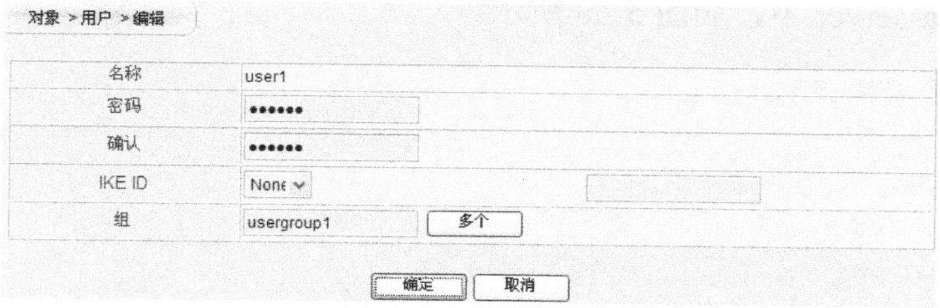

图 5-65 添加用户并选择组

步骤4 创建角色。

创建好用户和用户组后，下面在"对象"→"角色"→"管理"中设置两个角色，名称分别为"role-permit-web"和"role-permit-ftp"，如图 5-66 所示。

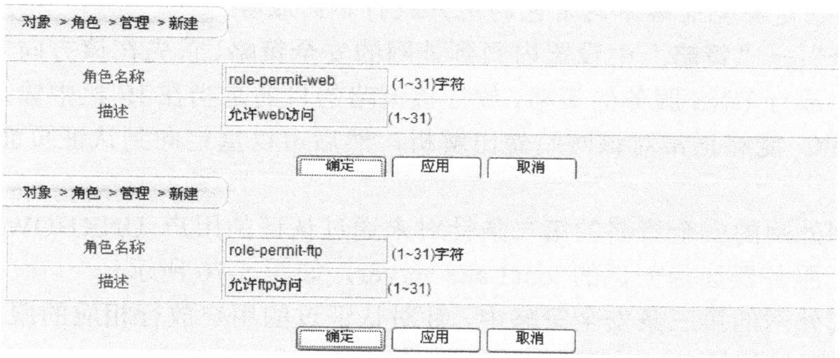

图 5-66 设置两个角色

步骤 5 创建角色映射规则,将用户组与角色相对应。

在"对象"→"角色"→"角色映射"中,将用户组和角色设置角色映射关系名称为"role-map1",将 usergroup1 用户组和 role-permit-web 做好对应关系,同样的方法将 usergroup2 和 role-permit-ftp 做好对应关系,如图 5-67 所示。

图 5-67 建立用户组和角色之间的对应关系

步骤 6 将角色映射规则与 AAA 服务器绑定。

在"对象"→"AAA 服务器"中,将角色映射关系 role-map1 绑定到创建的 AAA 服务器 local-aaa-server 中,如图 5-68 所示。

图 5-68 将角色映射规则与 AAA 服务器绑定

步骤 7 创建安全策略不同角色的用户放行不同服务。

在"安全"→"策略"中设置内网到外网的安全策略,首先在该方向安全策略的第一条设置一个放行 DNS 服务的策略,放行该策略的目的是当在 IE 栏中输入某个网站名后,客户端 PC 能够正常对该网站做出解析,然后可以重定向到认证页面,如图 5-69 所示。

在内网到外网的安全策略的第二条针对未通过认证的用户 UNKNOWN,设置认证的策略,认证服务器选择创建的 local-aaa-server,如图 5-70 所示。

在内网到外网的第三条安全策略中,针对认证过的用户放行相应的服务,针对角色 role-permit-web 只放行 HTTP 服务,如图 5-71 所示。

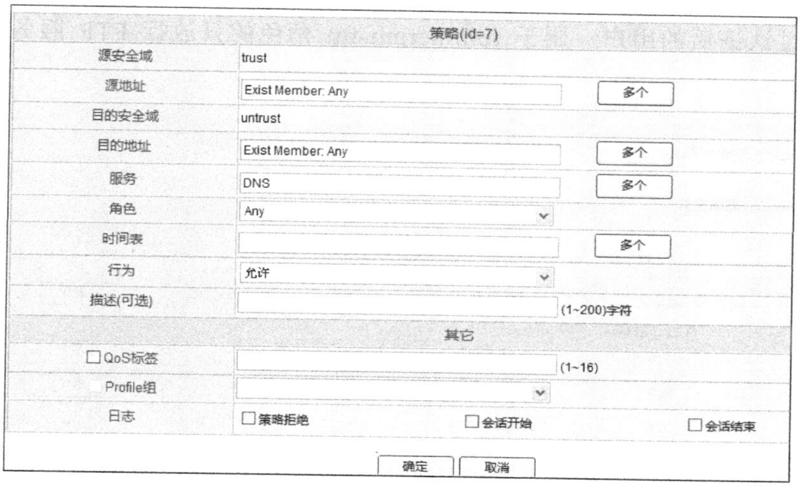

图 5-69　放行 DNS 策略

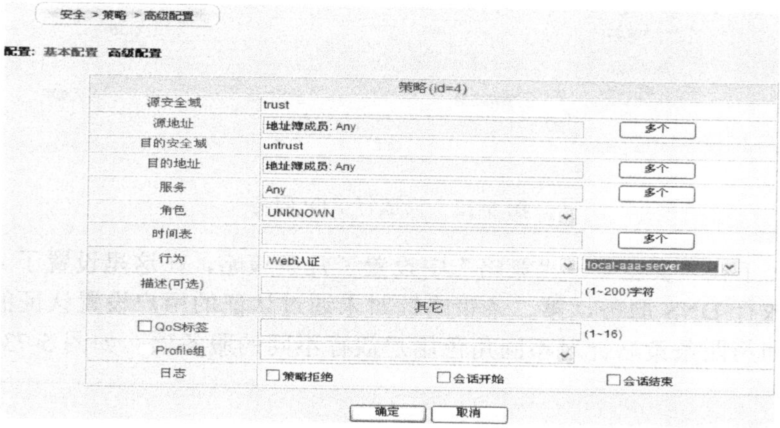

图 5-70　放行 Web 认证策略

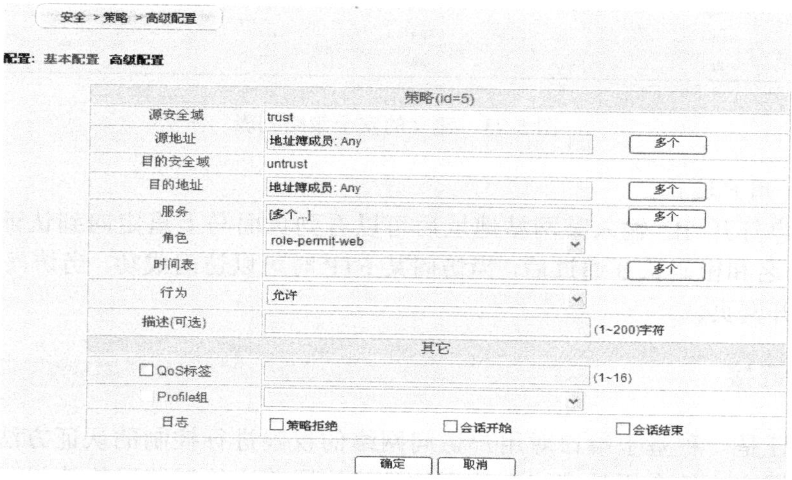

图 5-71　只放行 HTTP 服务

针对通过认证后的用户，属于 role-permit-ftp 角色的只放行 FTP 服务，如图 5-72 所示。

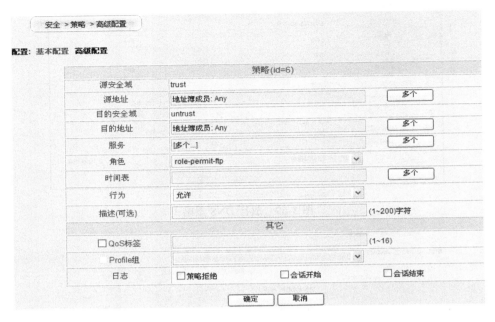

图 5-72　只放行 FTP 服务

最后看一下在"安全"→"策略"中设置了几条策略，在这里设置了 4 条策略，第一条策略只放行 DNS 服务，第二条策略针对未通过认证的用户设置认证的安全策略，第三条策略和第四条策略针对不同角色用户放行不同的服务项，如图 5-73 所示。

活跃	ID	角色	源地址	目的地址	服务	特征	行为	操作
☑	20	Any	Any	Any	DNS			
☑	21	Any	Any	Any	Any			
☑	11	Any	Any	Any	HTTP			
☑	12	ftp	Any	Any	FTP			

图 5-73　建立的安全策略列表

步骤 8　用户验证。

内网用户打开 IE 输入某网站地址后可以看到页面马上重定向到认证页面，输入 user2 的用户名和密码认证通过后，当访问某 FTP 时可以访问成功，当访问 Web 界面时看到未能打开网页。

？　知识链接

Web 认证是一种基于端口对用户访问网络的权限进行控制的认证方法，这种认证方式不需要用户安装专用的客户端认证软件，使用普通的浏览器软件就可以进行接入认证。

【任务拓展】

一、理论题

1. 设置防火墙的 Web 认证功能后,如果从内到外的策略中未放行 DNS 服务,用户端 PC 怎样才能重定向到认证界面?

2. 在上述任务中,我们在设置角色映射关系时是针对用户组和角色做了对应,那么是否可以针对用户和角色做对应呢?

3. 上网搜索出 Web 认证还有哪些认证方法和比较其优缺点。

二、实训

使用防火墙的 Web 认证功能,将内网设置成 3 个用户组,第一个用户组只能访问 Web 和 FTP 服务,第二个用户组只能登录 QQ、MSN,第三组用户不做限制。

活动9 内容过滤

【任务描述】

公司想对大家访问网站做一些具体的限制,如购物类、娱乐类网站不能访问等。

【任务分析】

这个任务涉及内容过滤,可以用关键字的方法,让员工无法访问某些网站本任务针对要访问的网页如果包含一次或一次以上的黄秋生字样,则将该网页过滤掉,不允许用户访问。其任务实施拓扑图如图 5-74 所示。

【任务准备】

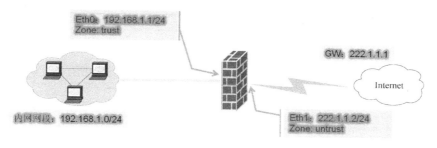

图 5-74 任务实施拓扑图

【任务实战】

步骤1 在内容过滤中创建类别。

在"安全"→"内容过滤"→"类别"中,创建一个名为"test"的类别,单击"添加"按钮,如图 5-75 所示。

图 5-75 添加内容过滤的类别

步骤2 指定要过滤的关键字并设置属性。

在"安全"→"内容过滤"→"关键字"中，设置要过滤的关键字为"黄秋生"，设置该关键字类别为之前创建的 test 类型，并设置相应的信任值，我们使用默认的 100，如图 5-76 所示。

图 5-76　添加内容过滤关键字

单击"添加"按钮后，要单击"应用"按钮才能起作用。

步骤3 创建类别组，添加类别成员并设置警戒值。

在"安全"→"内容过滤"→"类别组"中，创建一个类别组名为"test 类别组"，将之前创建好的 test 类别添加到该组中，并设置相应的警戒值，实验中要求只要包含一次黄秋生的关键字就进行过滤，因此，此处设置的警戒值要不大于信任值 1，实验中可以使用默认值 100，如图 5-77 所示。

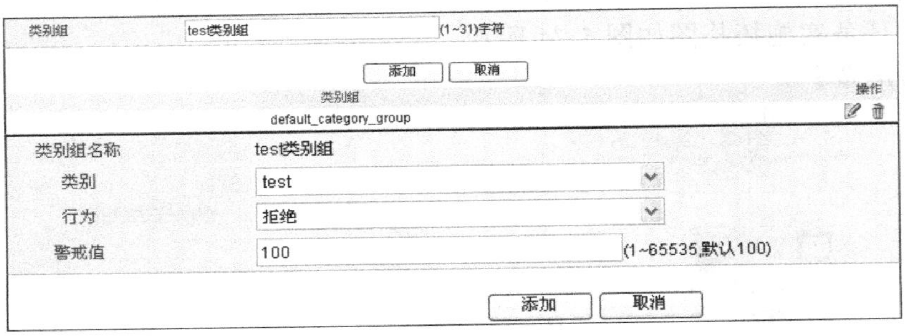

图 5-77　添加类成员和警戒线

步骤4 创建内容过滤 Profile，并添加类别组。

在"安全"→"内容过滤 Profile"中，创建一个名为"内容过滤 profile"的 Profile，选择类别组为"test 类别组"，单击"添加"按钮，可以看到"test 类别组"已经添加到该 Profile 中，如图 5-78 所示。

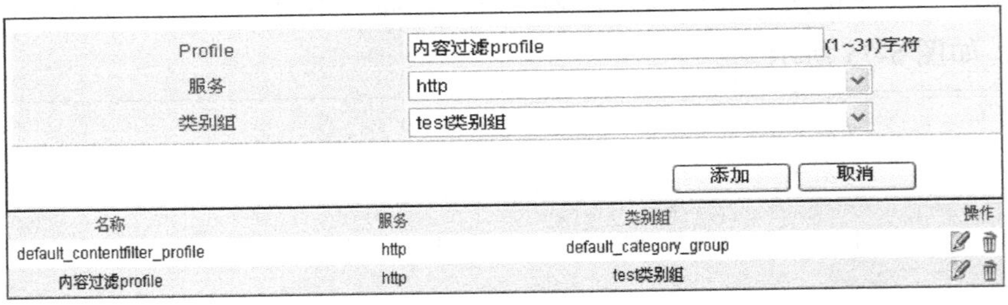

图 5-78　添加类别组

步骤 5　创建一个 Profile 组，将内容过滤 profile 组加入到该 Profile。

在"安全"→"Profile 组"中创建一个 Profile 组名为"内容过滤 profile 组"，并将内容过滤 profile 组加到该组中单击"确定"按钮，如图 5-79 所示。

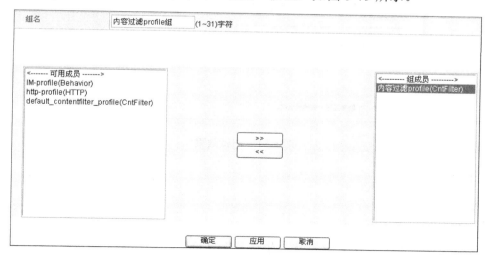

图 5-79　添加内容过滤 profile 组

步骤 6　在策略中引用 Profile 组。

在"安全"→"策略"中，针对内网到外网的安全策略引用创建的内容过滤 profile 组，单击"确定"按钮，如图 5-80 所示。

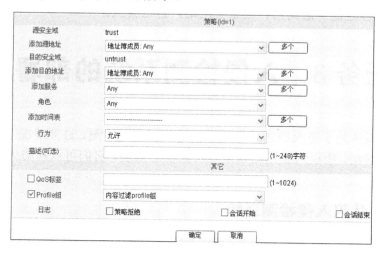

图 5-80　在安全策略中引入内容过滤 profile 组

步骤 7　验证测试。

在 www.baidu.com 搜索栏中输入"黄秋生"，单击"百度"后出现一个提示界面，因为要访问的网页包含了一次或一次以上的黄秋生字样，所以不能访问到该网页，如图 5-81 所示。

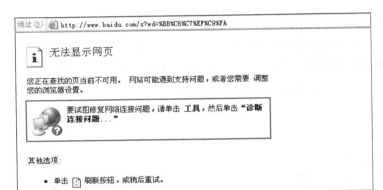

图 5-81　测试效果

【任务拓展】

一、理论题

1．内容过滤的作用是什么？

2．如果访问的网页中有黄、秋、生这三个字样，但是三个字样没有连续出现，这种情况是否会将网页过滤？

二、实训

1．要求要访问的网页中包含 10 次或者 10 次以上的"黄秋生"字样时，将过滤掉该网页，请搭建实验环境实现。

2．如何内容过滤屏蔽购物、娱乐类网站，自己尝试。

任务3　入侵检测系统的部署

入侵检测系统处于防火墙之后对网络活动进行实时检测。许多情况下，由于可以记录和禁止网络活动，所以入侵检测系统是防火墙的延续。它们可以和防火墙及路由器配合工作。

活动1　认识入侵检测系统

【任务描述】

小齐为公司已经配置好了防火墙，以为可以高枕无忧了，可是最近公司还是遭受了几次黑客攻击。看来装了防火墙也不是代表就绝对安全了，小齐咨询了安全专家，建议公司安装入侵检测系统。公司决定购买一个神州数码入侵检测系统。

【任务分析】

小齐决定先了解一下什么是入侵检测系统。

【任务实战】

步骤 1 了解什么是入侵检测系统。

假如防火墙是一幢大楼的门锁，那么 IDS（Intrusion Detection Systems，入侵检测系统）就是这幢大楼里的监视系统。一旦小偷爬窗进入大楼，或内部人员有越界行为，只有实时监视系统才能发现情况并发出警告。不同于防火墙，IDS 入侵检测系统是一个监听设备，没有跨接在任何链路上，无须网络流量流经它便可以工作。因此，对 IDS 的部署，唯一的要求是：IDS 应当挂接在所有所关注流量都必须流经的链路上。在这里，"所关注流量"指的是来自高危网络区域的访问流量和需要进行统计、监视的网络报文。在如今的网络拓扑中，已经很难找到以前的 Hub 式的共享介质冲突域的网络，绝大部分的网络区域都已经全面升级到交换式的网络结构，因此，IDS 在交换式网络中的位置一般选择在尽可能靠近攻击源和尽可能靠近受保护资源的地方。

步骤 2 了解神州数码入侵检测系统（DCNIDS）的组成

DCNIDS 是自动的、实时的网络入侵检测和响应系统，它采用了新一代入侵检测技术，包括基于状态的应用层协议分析技术、开放灵活的行为描述代码、安全的嵌入式操作系统、先进的体系架构、丰富完善的各种功能，配合高性能专用硬件设备，是最先进的网络实时入侵检测系统。它以不引人注目的方式最大限度地、全天候地监控和分析企业网络的安全问题，捕获安全事件，给予适当的响应，阻止非法的入侵行为，保护企业的信息组件。

DCNIDS 采用多层分布式体系结构，由下列程序组件组成：

① Console（控制台）。

控制台（Console）是 DCNIDS 的控制和管理组件。它是一个基于 Windows 的应用程序，控制台提供图形用户界面来进行数据查询、查看警报并配置传感器。控制台有很好的访问控制机制，不同的用户被授予不同级别的访问权限，允许或禁止查询、警报及配置等访问。控制台、事件收集器和传感器之间的所有通信都进行了安全加密。

② EventCollector（事件收集器）。

一个大型分布式应用中，用户希望能够通过单个控制台完全管理多个传感器，允许从一个中央点分发安全策略，或者把多个传感器上的数据合并到一个报告中去。用户可以通过安装一个事件收集器来实现集中管理传感器及其数据。事件收集器还可以控制传感器的启动和停止，收集传感器日志信息，并且把相应的策略发送到传感器，以及管理用户权限、提供对用户操作的审计功能。

IDS 服务管理的基本功能是负责"事件收集服务"和"安全事件响应服务"的启停控制、服务状态的显示。

③ LogServer（数据服务器）。

LogServer 是 DCNIDS 的数据处理模块。LogServer 需要集成 DB（数据库）一起协同工作。DB 是一个第三方数据库软件。DCNIDS 1.1 支持微软 MSDE、SQL Server，并即将支持 MySQL 和 Oracle 数据库，根据部署规模和需求可以选择其中之一作为 LogServer 的数据库。

④ Sensor（传感器）。

Sensor 部署在需要保护的网段上，对网段上流过的数据流进行检测，识别攻击特征，报告可疑事件，阻止攻击事件的进一步发生或给予其他相应的响应。

⑤ Report（报表）和查询工具。

Report（报表）和查询工具作为 IDS 系统的一个独立的部分，主要完成从数据库提取数据、统计数据和显示数据的功能。Report 能够关联多个数据库，给出一份综合的数据报表。查询工具提供查询安全事件的详细信息。

活动 2　入侵检测设备的配置

【任务描述】

小齐决定对公司购买的神州数码 IDS 系统进行配置，用于监测网络，保证网络健康运行。

【任务分析】

购买的 IDS 硬件产品只是 IDS 系统组成部分中的 Sensor（传感器），只能实时地探测网络中状况，不能记录和分析，就像很多公共场所安装的摄像头一样，它需要通过网络把数据传送到远程计算机上保存。IDS 的 Sensor 只需要简单的配置即可，但是要在一台计算机上安装 SQL Server 数据库及其他 IDS 组件。传感器在网络中的部署如图 5-82所示。

【任务准备】

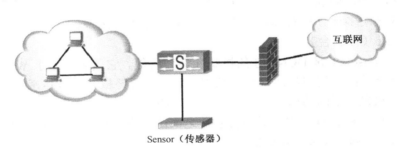

Sensor（传感器）

图 5-82　传感器在网络中的部署

如图 5-82 所示，传感器是旁路设备，不会对网络的流量产生干扰，连接的交换机端口需要配置端口镜像。

【任务实战】

步骤 1　条件准备。

小齐选择了一台计算机作为管理平台，该计算机的操作系统为 Windows Server 2003企业版，内存 2GB，硬盘剩余空间在 100GB 以上。小齐在该计算机中安装了 SQL 2000Server 数据库软件，并对该软件打了 SP4 补丁，打开 SQL Server 服务管理器，启动 SQLServer 服务。

小齐利用购置的 DC-IDS 设备中提供的一条 Console 线将传感器的 Console 接口与管理平台相连。

使用一条交叉线将管理平台和传感器的 EM3 接口相连，用于管理传感器并接收检测信息。

步骤 2　配置传感器。

利用超级终端登录传感器，默认的登录密码为 Admin，进入主界面如图 5-83 所示。

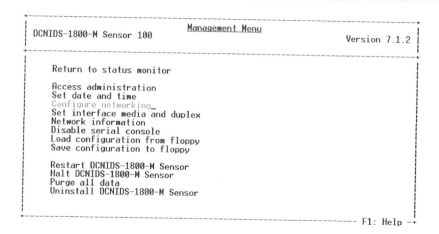

图 5-83　传感器的主界面

选择"Configure Networking"，进入如图 5-84 所示界面。

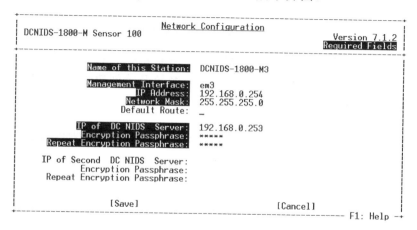

图 5-84　配置传感器

管理接口默认为 EM3，默认管理地址为 192.168.0.254/24，IP of DC NIDS Server 为 EC 的地址，默认 192.168.0.253，通信密码默认为 Admin，如图 5-84 所示。

这 3 项可以修改也可以不修改，根据实际情况而定，需要说明的是如果不修改，那么管理平台的 IP 地址必须配置为 192.168.0.254/24，并且连接到 EM3 口上。

步骤 3　安装 LogServer。

（1）在 D 盘建立一个名为 IDS 的文件夹，并在其中建立两个子文件夹 DATA 和 LOG，用于存放 IDS 的数据库文件。

（2）单击安装光盘中的文件 DC_NIDS_LogServer.exe，按照向导完成安装后，弹出"数据服务初始化配置"对话框，填写相关参数，如图 5-85 所示。

在该对话框"服务器地址"栏中输入数据库服务器（本机）的 IP 地址，数据库名称默认，访问账号名和访问密码输入创建数据库时候创建的用户名和密码。数据库创建路径中输入安装程序在创建目标数据库时将要建立的数据库文件的存放路径，即前面已经建立的两个文件夹，路径分别是 D:\IDS\DATA 和 D:\IDS\LOG。

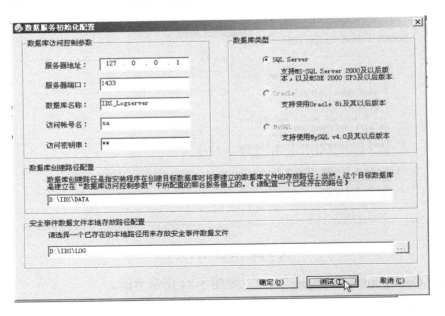

图 5-85 "数据服务初始化配置"对话框

输入配置信息后，单击"测试"按钮。如果配置正确，系统会提示"数据库测试连接成功！"。测试成功后，单击"确定"按钮，系统开始创建数据库，创建成功后，系统会提示"数据库创建成功！"。

步骤 4 安装事件收集器。

双击光盘中的 DC_NIDS_Event-Collector.exe 进行事件收集器的安装，只需按照安装向导即可完成安装。

步骤 5 安装许可证。

许可证定义了认证信息及用户信息，它包含了所授权的产品，升级服务时限及用户注册信息，必须安装许可证 IDS 才能正常工作。其安装过程如图 5-86～图 5-88 所示。

图 5-86 运行安装许可证

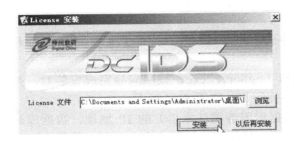

图 5-87 选择许可文件

图 5-88 安装成功

步骤 6　安装控制台。

控制台的安装不再详细介绍，只需按照安装向导安装即可。

步骤 7　启动应用服务。

应用服务包括"事件收集服务"、"安全事件响应服务"和"IDS 数据管理服务"，只有服务启动后，系统才能正常工作。选择"开始"→"程序"→"入侵检测系统"→"入侵检测系统（网络）"→"DCNIDS 服务管理"，在"应用服务管理器"窗口分别选择"应用服务"后单击"开始"按钮，启动服务；并且建议用户分别选中窗口下方的"当启动 OS 时自动启动服务"复选框，这样可以避免用户每次登录系统后，都要进行"启动应用服务"的操作，如图 5-89 所示。

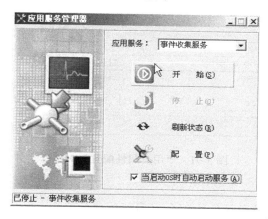

图 5-89　启动应用服务

步骤 8　启动和配置管理控制台。

（1）启动管理控制台。

安装完成后，启动控制台程序出现登录对话框，输入登录信息，如图 5-90 所示，"事件收集器"文本框中输入事件收集器 EC（本机）的 IP 地址，该地址为传感器中的"IP of DC_IDS Server"选项中的地址。

第一次登录控制台需要使用默认的管理员用户或审计管理员用户名"Admin"，密码也是 Admin，默认的用户没有管理权限，只具有用户管理权限。不能配置 IDS 系统。

输入用户名和密码后，单击"登录"按钮，即可进入管理控制台界面。

图 5-90　登录控制台

（2）创建用户。

在管理控制台界面里选择"用户"工具栏，单击"添加用户"按钮，打开"用户属性配置"对话框，如图 5-91 所示。输入用户名和密码"admin"，并赋予所有权限。

图 5-91　"用户属性配置"对话框

（3）添加组件。

① 退出 Admin 账户登录的控制台，用新创建的账户 admin 重新登录。

② 在管理控制台界面的"组件结构树"窗口中，右击"EC"，在快捷菜单中选择"添加组件"命令，打开"添加组件"对话框，选择组件"传感器"，单击"确定"按钮。

③ 打开的"传感器属性配置"对话框如图 5-92 所示。

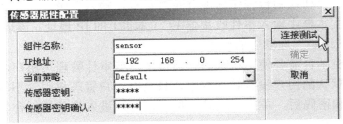

图 5-92　"传感器属性配置"对话框

其中，"组件名称"栏中输入传感器的名称，如"sensor"；"IP 地址"栏中输入传感器的 IP 地址，该地址与传感器配置中网络配置窗口的"IP Address"选项设置的地址相对应；传感器密钥和传感器默认密钥输入默认密钥"admin"。单击"连接测试"按钮，进行连接测试，测试成功后，单击"确定"按钮。右击新添加的传感器，选择"同步签名"（图 5-93）后再单击"应用策略"按钮，会弹出一个提示命令处理进度的对话框，表明正在应用策略，如图 5-94 所示。

图 5-93　选择"同步签名"

图 5-94　应用策略处理进度

步骤 9　安装报表。

（1）安装报表服务器。双击安装文件 DC_NIDS_Report_Setup.exe，按照安装向导即可完成安装。

（2）登录 EC。添加报表组件，IP 为本机 IP 地址，组件名称自定义，端口默认，单击"容量检测按钮"容量配置不用填写。单击"确定"按钮，如图 5-95 所示。

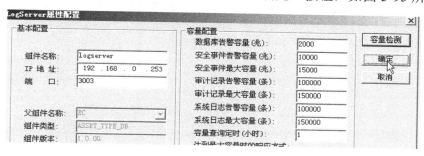

图 5-95　报表组件的添加

步骤 10　登录和查看报表，如图 5-96 所示。

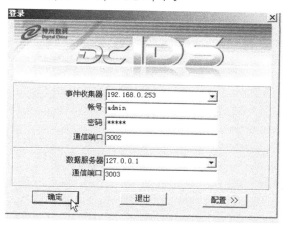

图 5-96　登录报表服务器界面

步骤 11　对网络进行入侵检测。

使用一条直连线将传感器的 EM1 接口和交换机的目的（镜像）端口连接起来。以本任务为例，将连接学校内网的交换机的端口 Eth0/24 连接到传感器的 EM1 接口，然后将其他接口作为镜像的源端口。在交换机上配置端口镜像的命令如下。

（1）配置源端口（即连接其他主机的端口），以神州数码3950为例：

DCS-3950（config）#Monitor session 1 source interface Ethernet 0/0/1-23 both

（2）配置目的端口（即连接传感器EM1接口的端口）：

DCS-3950（config）#Monitor session 1 source interface Ethernet 0/0/24

这样，利用管理主机和传感器就可以检测到这些连接到交换机的主机之间的数据通信，并检测到入侵行为了。

【任务拓展】

一、理论题

1．什么是IDS？

2．神州数码IDS系统由哪些组件组成？

二、实训

部署神州数码DCNIDS-1800传感器，安装和配置DCNIDS入侵检测系统。

单元 6
远程接入安全配置

[单元学习目标]

➤ **知识目标**
1. 了解隧道技术的基本原理和分类
2. 掌握 SSL VPN 的基本原理
3. 掌握 SSL VPN 在防火墙上的配置方法
4. 掌握 IPSEC VPN 的基本原理
5. 掌握 IPSEC VPN 在防火墙上配置的方法
6. 了解 VPDN 的工作原理
7. 掌握在路由器上配置 VPDN 的方法

➤ **能力目标**
1. 具备在防火墙上配置 SSL VPN 的能力
2. 具备在防火墙上配置 IPsec VPN 的方法
3. 具备在路由器上配置 VPDN 的方法

➤ **情感态度价值观**
1. 培养认真细致的工作态度
2. 逐步形成网络安全的主动防御意识

[单元学习内容]

　　远程访问是大多数企业网络的必备功能，员工出差、在家办公、分支部门与总部网络共享资源等都离不开远程访问。VPN（Virtual Private Network，虚拟专用网）是目前常用的远程访问技术之一，主要特点是安全可靠、机制灵活、费用低廉、易于实现。现在作为网关设备的防火墙都集成了 VPN 功能，由于防火墙的安全性和可靠性，因此搭建的 VPN 服务器安全性也非常高，而且在防火墙上配置 VPN 也减少了额外的投资。

 # 任务1　SSL VPN 配置

　　【任务描述】

　　齐威公司随着公司原有公司规模和业务量的不断扩大，越来越多的办公人员都需要在齐威公司总部的外部（酒店、住处、网吧）进行移动远程办公，使用公司总部内网中的 OA 系统、客户管理系统及微软电子邮件系统（Exchange）、腾讯通企业内部即时通信系统（RTX）。齐威公司急需一种可以实现远程办公的方案。这种方案主要应实现移动用户对公司内部网络的接入功能。这种远程办公的方案需要有很高的安全性从而保证公司网络的商业安全。

　　【任务分析】

　　本任务需要解决远程用户安全访问私网数据的问题。为了完成公司交给的任务，网络管理员小齐查看了公司正在使用的神州数码多核防火墙产品手册，找到了神州数码多核防火墙提供的基于 SSL（Secure Socket Layer，安全套接层）的远程登录解决方案 Secure Connect VPN（安全 VPN 连接），简称 SCVPN，在不增加任何设备的情况下即可实现安全的远程接入内网。

【任务准备】

注意：本任务防火墙的内网口为 Eth0/6，外网口为 Eth0/7，防火墙除了 Eth0/0 端口有特殊含义外，其他端口可以随便使用。外网用户通过 Internet 使用 SSL VPN 接入内网，如图 6-1 所示。

允许 SSL VPN 用户接入后访问内网的 FTP Server：192.168.2.10。

允许 SSL VPN 用户接入后访问内网的 Web Server：192.168.2.20。

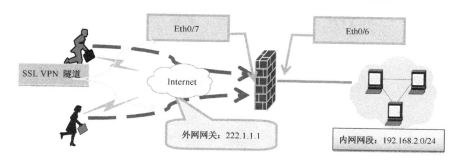

图 6-1　SSL VPN 配置实施拓扑图

？　知识链接

1．什么是 VPN？

VPN 英文全称是 Virtual Private Network，翻译过来就是"虚拟专用网络"。VPN 被定义为通过一个公用网络（通常是互联网）建立一个临时的、安全的连接，是一条穿过混乱的公用网络的安全、稳定隧道。使用这条隧道可以对数据进行几倍加密达到安全使用互联网的目的。虚拟专用网是对企业内部网的扩展。虚拟专用网可以帮助远程用户、公司分支机构、商业伙伴及供应商同公司的内部网建立可信的安全连接，用于经济有效地连接到商业伙伴和用户的安全外联网虚拟专用网。VPN 主要采用隧道技术、加解密技术、密钥管理技术和使用者与设备身份认证技术。

2．什么是 SSL VPN？

SSL VPN 指的是使用者利用浏览器内建的 Secure Socket Layer 封包处理功能，用浏览器连回公司内部 SSL VPN 服务器，然后透过网络封包转向的方式，让使用者可以在远程计算机执行应用程序，读取公司内部服务器数据。它采用标准的安全套接层（SSL）对传输中的数据包进行加密，从而在应用层保护了数据的安全性。高质量的 SSL VPN 解决方案可保证企业进行安全的全局访问。在不断扩展的互联网 Web 站点之间、远程办公室、传统交易大厅和客户端间，无需客户端安装且配置简单的远程访问，从而降低用户的总成本并加强远程用户的工作效率。

3．什么是 SCVPN？

为解决远程用户安全访问私网数据的问题，DCFW-1800 系列防火墙提供基于 SSL 的远程登录解决方案——Secure Connect VPN，简称为 SCVPN。SCVPN 功能可以通过简单易用的方法实现信息的远程连通。神州数码 DCFW-1800 系列防火墙的 SCVPN 功能包含设备端和客户端两部分，配置了 SCVPN 功能的防火墙作为设备端。

【任务实战】

1．防火墙的基础配置

防火墙采用路由模式，Ethernet0/6 口地址设置为 192.168.2.1，Ethernet0/7 口地址设置为 222.1.1.2，管理主机在内网，地址为 192.168.1.10，连接到 Ethernet0/1 接口进行防火墙的配置。按照如上的信息，对防火墙进行初始化配置。具体步骤参见单元 5 任务 2 的配置。

2．SCVPN 的配置

步骤 1 SCVPN 地址池配置。

在"VPN"→"SCVPN"→"地址池"中，新建一个名为"SCVPN 地址池"的地址池，如图 6-2 所示。

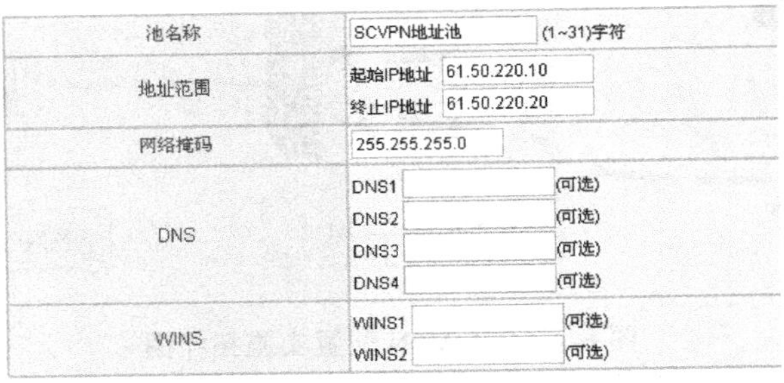

池名称	SCVPN地址池	(1~31)字符
地址范围	起始IP地址	61.50.220.10
	终止IP地址	61.50.220.20
网络掩码	255.255.255.0	
DNS	DNS1	(可选)
	DNS2	(可选)
	DNS3	(可选)
	DNS4	(可选)
WINS	WINS1	(可选)
	WINS2	(可选)

图 6-2 新建地址池

注意：根据实际要求填写地址池地址范围、网络掩码。地址池使用的网段不能与内网网段冲突；此处 DNS 与 WINS 可根据内网实际情况填写或空白，而非公网中的 DNS 与 WINS 服务器。

步骤 2 配置 SCVPN 实例。

（1）创建实例。在"VPN"→"SCVPN"→"配置"中单击"新建"按钮，创建实例"scvpn_case1"，如图 6-3 所示。

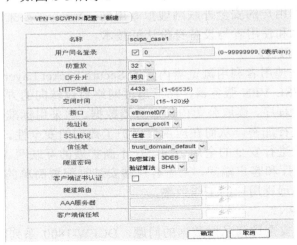

图 6-3 创建实例

参数详解如下。

用户同名登录：此处为 0 表示多个客户端可以使用同一个用户名同时登录，如果一个账户要限制只能一个客户端登录，则此处填写 1。

HTTPS 端口：SCVPN 登录验证使用的端口号，可以使用默认端口号，也可以自行设置。

空闲时间：能够保持连接状态的最长时间，超出空闲时间后，设备端将断开与客户端的连接。

接口：SCVPN 客户端通过防火墙的 Eth0/7 接口接入，也就是防火墙连接外网的接口。

地址池：该实例使用定义好的地址池为 SCVPN 客户端分配地址。

隧道密码：加密算法和验证算法指的是客户端与防火墙创建 VPN 隧道时使用的算法，可以是任意组合。客户端会自动与防火墙协商匹配。

隧道路由和 AAA 服务器：在创建实例时是无法编辑的，需要再修改，单击已编辑好的实例后的"修改"按钮，在弹出的编辑界面内单击"隧道路由"或"AAA 服务器"后的"多个"按钮。

完成编辑后单击"确定"按钮。

（2）编辑实例。创建完 SCVPN 实例并编辑完成各种参数后，还需要对该实例重新编辑。单击已编辑好的实例后的"修改"按钮，如图 6-4 所示。

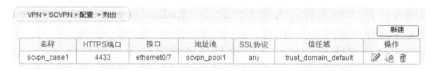

图 6-4 编辑创建好的实例

（3）配置隧道路由。

单击"隧道路由"右侧的"多个"按钮，此处添加的隧道路由条目，在客户端与防火墙的 SCVPN 创建成功后会下发到客户端的路由表中。添加的网段就是客户端要通过 VPN 隧道访问的位于防火墙内网的网段。需要注意的是此处添加的路由条目的"度量"值比客户端上默认路由的度量值要小。度量值越小的路由条目优先级越高，输入地址后，单击"添加"按钮，如图 6-5 所示。

图 6-5 添加要下发的 FTP Server 的路由

同样的方法将 Web Server 服务器的隧道路由下发，如图 6-6 所示。

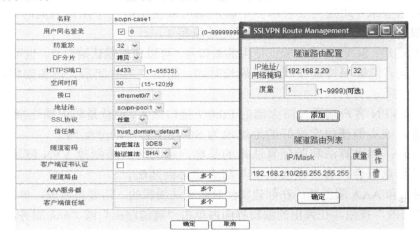

图 6-6　添加要下发的 Web Server 的路由

（4）AAA 服务器配置。

同样方法，进行 AAA 服务器配置，AAA 服务器是用来验证客户端登录的用户名、密码。在新版本中防火墙支持防火墙本地验证、Radius 验证、Active-Directory 验证、LDAP 验证 4 种验证方式。

本任务采用防火墙本地验证，所以这里就选择了防火墙默认自带的 AAA 服务器"local"，如图 6-7 所示。如果要采用 Radius 等其他的验证方式，需要首先在"对象"中创建 AAA 服务器对象，然后在此调用。

图 6-7　配置 AAA 服务器

步骤 3　绑定 SCVPN 实例到隧道接口。

（1）创建 SCVPN 要服务的安全域。在"网络"→"安全域"页面单击 "新建"按钮，建立一个名为"SCVPN 安全域"的三层安全域，完成后直接单击"确定"按钮，如图 6-8 所示。

安全域名称	SCVPN安全域	
第三层安全域	⦿	
第二层安全域	○	vswitch1 ∨

图 6-8　创建安全域

（2）创建隧道接口。为了 SCVPN 客户端能与防火墙上其他接口所属区域之间正常转发路由，需要为它们配置一个网关接口，这在防火墙上可以通过创建一个隧道接口，并将创建好的 SCVPN 实例绑定到该接口上来实现，具体步骤如下。

① 在"网络"→"接口"页面下创建一个新的隧道接口，选择"隧道接口"，单击"新建"按钮。

② 建立一个属于三层安全域名为"tunnel1"的隧道接口，并将其加入创建好的"SCVPN_zone1"，如图 6-9 所示。

③ 给接口配置一个 IP 地址，并将创建好的 SCVPN 实例绑定到该接口。

参数详解如下。

名称：只能是 1～128 的数字。

安全域类型：选择第三层安全域。

安全域：选择刚刚建立的安全域的名称。

IP 配置：这个看做是隧道的虚拟网关，要求和地址池在同一网段，但是不能被地址池包含。以本任务为例，地址池在 61.50.220.10～61.50.220.20 这个范围外都可以，本任务配置的为 61.50.220.30，如图 6-9 所示。

图 6-9　创建隧道接口

步骤 4　创建安全策略。

在放行安全策略前，要创建地址簿和服务簿，为创建 SCVPN 客户端访问内网 Server 的安全策略，首先要将策略中引用的对象定义好。

（1）定义地址对象。定义 FTP Server 的地址对象，如图 6-10 所示。

定义 Web Server 的地址对象，如图 6-11 所示。

提示：地址簿对象中的 IP 地址的子网掩码都是 32 位的，这是因为这个地址簿对象是提供给公网的用户进行访问的，因此 32 位的子网掩码才能标识一台主机。

图 6-10　定义 FTP 地址对象

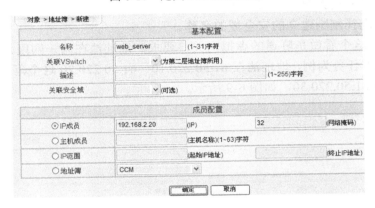

图 6-11　定义 Web Server 地址对象

（2）添加安全策略允许 SCVPN 用户访问内网资源。

添加策略 1 允许 SCVPN 用户访问内网 FTP Server，仅开放 FTP 服务，如图 6-12 所示。

添加策略 2 允许 SCVPN 用户访问内网 Web Server，仅开发 HTTP 服务，如图 6-13 所示。

图 6-12　添加 SCVPN 访问内网 FTP 的策略

提示：这两条安全策略中服务项分别选择是 FTP 和 HTTP，那就表示只有这两个服务来自 scvpn_zone1 的访问才能被允许。

图 6-13 添加 SCVPN 访问内网 Web 的策略

步骤 5 添加 SCVPN 用户账号。

需要预先添加 SCVPN 用户的账号和密码，这样用户在出差或者远程办公中，就能用这个账号和密码通过 SCVPN 登录到公司内部的 FTP 服务器和 Web 服务器。

① 创建一个属于 AAA 服务器 local 中的用户账号，以分配给 SCVPN 使用，在"对象"→"用户"中单击"新建"按钮创建一个隶属于 local 的用户"scvpn_user1"，如图 6-14 所示。

图 6-14 添加 SCVPN 用户账号

② 创建完用户名后对该账号进行编辑，为该账号配置密码并确认一次，如图 6-15 所示。

图 6-15 编辑 SCVPN 用户配置密码

至此，防火墙端全部 SCVPN 配置完毕。

步骤 6 SCVPN 登录演示。

（1）登录 VPN 服务器界面。

在客户端上打开浏览器，在地址栏中输入"https://222.1.1.2:4433"，系统会弹出安全警告，单击"是"按钮进入登录界面，如图 6-16 所示。

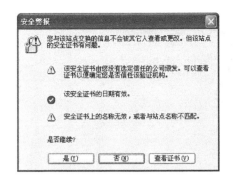

图 6-16　登录弹出安全警告

提示：这个客户端指的是外网用户的客户端，如果要在实验室模拟，需要在外网接口连接一台主机，配置固定的 IP 地址即可，和外网口在同一网段，且网关指向外网口。

① 在登录界面中填入用户名和密码，单击"登录"按钮，如图 6-17 所示。

图 6-17　登录界面

② 在初次登录时，会要求安装 SCVPN 客户端插件，此插件以 ActiveX 插件方式推送下载，并有可能被浏览器拦截，这时需要手动允许安装这个插件，如图 6-18 所示。

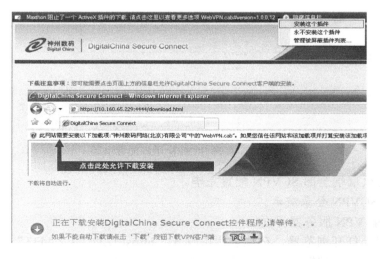

图 6-18　下载 SCVPN 客户端插件

③ SCVPN 客户端的安装。对下载完成的客户端安装程序进行手动安装，如图 6-19 所示。

图 6-19　安装 SCVPN 客户端插件

④ SCVPN 客户端安装成功后会自动登录防火墙，在对用户名和密码验证成功后，右下角的客户端程序图标会变成绿色。并在 Web 界面中显示"连接成功"，如图 6-20 所示。

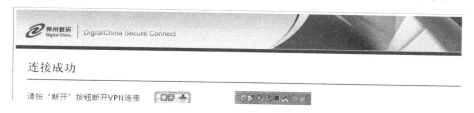

图 6-20　显示连接成功

（2）查看 SCVPN 连接状态。

① 用鼠标单击任务栏中客户端程序图标，在弹出的菜单中选择"网络信息"，如图 6-21 所示，打开"网络信息"对话框查看连接信息。

② 在"接口"选项卡中可以观察到网络地址为在实验地址池中定义的 IP，即 SCVPN 实例分配给客户端的 IP，如图 6-22 所示。

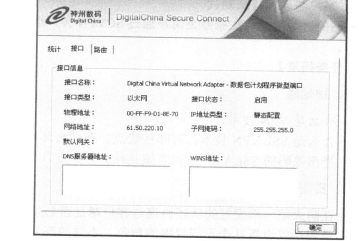

图 6-21　查看网络信息　　　　　　　　　图 6-22　查看连接信息

③ 同样也可以使用 route print 命令查看在客户端操作系统的路由表，如图 6-23 所示。

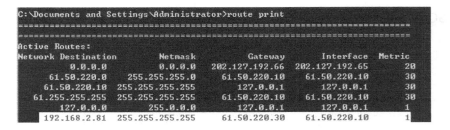

图 6-23　在客户端操作系统的路由表

④ 在"路由"选项卡中可以观察到发给客户端的路由信息，如图 6-24 所示。

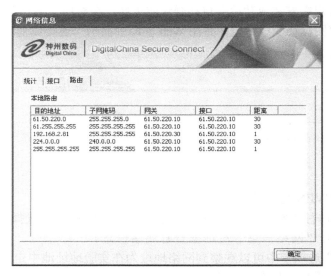

图 6-24　"路由"选项卡

3．客户端远程登录测试

外网的出差用户和在家办公用户通过 SCVPN 客户端登录内网的 FTP 服务器和 Web 服务器。

【任务拓展】

一、理论题

1．什么是 VPN 技术？

2．什么是 SSL VPN 技术，有哪些优点，在什么环境下使用？

3．神州数码的 SSL VPN 解决方案是什么？

二、实训

1．在防火墙一端配置的认证协议与客户端是否必须完全一致，用实验加以验证。

2．是否可以设置几个不同权限的角色，不同的账号所属的角色不同，这样不同的账号登录认证成功后就可以放行不同的服务或所具有的权限不同。

3．请搭建实验环境，实现 SCVPN 使拨号用户能够访问内部 192.168.1.100 服务器的所有服务。

任务 2　IPSec VPN 配置

【任务描述】

齐威公司总部设在北京，为了拓展市场，在广州设立了分部。在保证节约成本和保证安全性的前提下，要求广州分部和北京总部的技术部员工可以相互访问其共享资源，外部用户和广州分部员工只可以访问总部 Server 的 FTP 服务，并拒绝其他任何服务。网管主任把这个艰巨的任务交给了网管小齐。

【任务分析】

小齐刚刚完成了 SSL VPN 的配置，使出差和在家办公的用户可以安全地远程访问公司的内部服务，可是公司总部和分部之间怎么保证安全通信呢？用 SSL VPN 恐怕解决不了问题了。小齐求助了安全专家，专家给出了答案，对于这种总部到分支机构的安全连接首选就是 IPSec VPN。其任务实施拓扑图如图 6-25 所示。

【任务准备】

公司总部和分部都购买了神州数码 1800-E-V2 防火墙，并且已经完成了日常配置。防火墙 FW-A 和 FW-B 都具有合法的静态 IP 地址，其中防火墙 FW-A 的内部保护子网为 192.168.1.0/24，防火墙 FW-B 的内部保护子网为 192.168.10.0/24。要求在 FW-A 与 FW-B 之间创建 IPSec VPN，使两端的保护子网能通过 VPN 隧道互相访问，如图 6-25 所示。

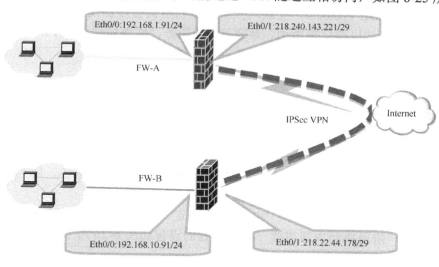

图 6-25　任务实施拓扑图

? 知识链接

IPSec VPN 简介

IPSec VPN 是网络层的 VPN 技术，它独立于应用程序，以自己的封包封装原始 IP 信息，因此可隐藏所有应用协议的信息。一旦 IPSec 建立加密隧道后，就可以实现各种类型的连接，如 Web、电子邮件、文件传输、VoIP 等，每个传输直接对应到 VPN 网关之后的相关服务器上。IPSec 是与应用无关的技术，因此 IPSec VPN 的客户端支持所有 IP 层协议，对应用层协议完全透明，这是 IPSec VPN 的最大优点之所在。

IPSec VPN 是现在互联网上最重要的网关到网关 VPN 技术，他已经成为企业分支机构间互联的首选。总部和分支之间要实现互访时，就涉及到此类 VPN，或者需要将数据包进行加密时就涉及 IPSec VPN。

【任务实战】

首先看一下 FW-A 防火墙的配置。

步骤 1   创建 IKE 第一阶段提议。

？ 知识链接

1．什么是 IKE？

IKE 属于一种混合型协议，由 Internet 安全关联和密钥管理协议（ISAKMP）和两种密钥交换协议 OAKLEY 与 SKEME 组成。IKE 创建在由 ISAKMP 定义的框架上，沿用了 OAKLEY 的密钥交换模式以及 SKEME 的共享和密钥更新技术，还定义了它自己的两种密钥交换方式。

2．IKE 协议在 IPSec VPN 过程中的作用。

在实施 IPSec（IP Security）的过程中，可以使用 IKE（Internet Key Exchange，互联网密钥交换）协议来建立 SA，该协议建立在由 ISAKMP（Internet Security Association and Key Management Protocol，互联网安全联盟和密钥管理协议）定义的框架上。IKE 为 IPSec 提供了自动协商交换密钥、建立 SA 的服务，能够简化 IPSec 的使用和管理，大大简化 IPSec 的配置和维护工作。

3．IKE 的两个阶段。

IKE 使用了两个阶段为 IPSec 进行密钥协商并建立 SA：

第一阶段，通信各方彼此间建立一个已通过身份认证和安全保护的通道，即建立一个 ISAKMP SA。第一阶段有主模式（Main Mode）和野蛮模式（Aggressive Mode）两种 IKE 交换方法。

第二阶段，用在第一阶段建立的安全隧道为 IPSec 协商安全服务，即为 IPSec 协商具体的 SA，建立用于最终的 IP 数据安全传输的 IPSec SA。

在"VPN"→"IKE VPN"→"P1"提议中定义 IKE 第一阶段的协商内容，两台防火墙的 IKE 第一阶段协商内容需要一致，参数的设置如图 6-26 所示。

？ 知识链接

IPSec 的安全特性可以从图 6-26 的参数设置中涉及。

认证：数据源发送信任状，由接收方验证信任状的合法性，只有通过认证的系统才可以建立通信连接。

数据可靠性（加密算法）：在传输前，对数据进行加密，可以保证在传输过程中，即使数据包遭截取，信息也无法被读。该特性在 IPSec 中为可选项，与 IPSec 策略的具体设置相关。

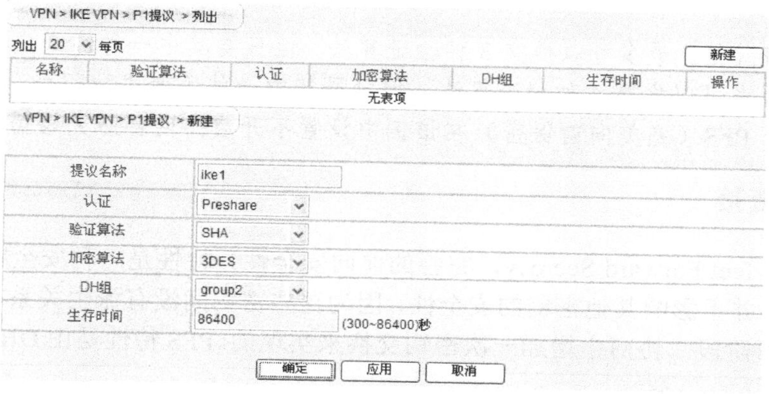

图 6-26　IKE 第一阶段协商

数据完整性（验证算法）：防止传输过程中数据被篡改，确保发出数据和接收数据的一致性。IPSec 利用 Hash 函数为每个数据包产生一个加密检查和，接收方在打开包前先计算检查和，若包遭篡改导致检查和不相符，数据包即被丢弃。

预置共享密钥认证：IPSec 也可以使用预置共享密钥进行认证。预共享意味着通信双方必须在 IPSec 策略设置中就共享的密钥达成一致。之后在安全协商过程中，信息在传输前使用共享密钥加密，接收端使用同样的密钥解密，如果接收方能够解密，即被认为可以通过认证。

DH:（Diffie-Hellman，交换及密钥分发）算法是一种公共密钥算法。通信双方在不传输密钥的情况下通过交换一些数据，计算出共享的密钥。即使第三者（如黑客）截获了双方用于计算密钥的所有交换数据，由于其复杂度很高，不足以计算出真正的密钥。所以，DH 交换技术可以保证双方能够安全地获得公有信息。

提示：认证算法建议采用预共享密钥认证。

步骤 2　创建 IKE 第二阶段提议。

在 "VPN" → "IKE" → "VPN" → "P2" 提议中定义 IKE 第二阶段的协商内容，两台防火墙的第二阶段协商内容需要一致，如图 6-27 所示。

图 6-27　创建 IKE 第二阶段提议

提示：

关于验证算法，最多可以提交 3 种验证算法，但只要其中一种协商成功即可。关于加密算法，最多可以提交 4 种加密算法，但只要其中一种协商成功即可。

关于 PFS 组，PFS（完美向前保密）在该例中设置不开启，两台防火墙需要一致。

知识链接

PFS（Perfect Forward Secrecy，完善的前向安全性）特性是一种安全特性，指一个密钥被破解，并不影响其他密钥的安全性，因为这些密钥间没有派生关系。对于 IPSec，是通过在 IKE 阶段二协商中增加一次密钥交换来实现的。PFS 特性是由 DH 算法保障的。

步骤 3 创建对等体（Peer）。

在"VPN"→"IKE" →"VPN"→"对端"中创建"对等体"对象，并定义对等体的相关参数，如图 6-28 所示。

VPN > IKE VPN > 对端 > 列出

列出 | 20 | 每页 | | | | 新建

名称	模式	类型	本地ID	对端ID	操作
无表项					

VPN > IKE VPN > 对端 > 新建

对端名称	FW-B	
接口	ethernet0/1	
模式	主模式	
类型	静态IP	
对端地址或主机名称	218.22.44.178	
本地ID	None	
对端ID	None	
提议1	ike1	
提议2	None	
提议3	None	
提议4	None	
信任域	None	
预共享密钥	●●●●●●	(6~32)
连接类型	bidirectional	
NAT穿越	☐	
DPD间隔	9	(0~10)秒, 0表示不开启DPD功能
DPD重试	3	(1~10)
描述	The peer is FW-B	(可选)

确定 | 应用 | 取消

图 6-28 对等体的配置

参数详解如下。

接口：选择用来建立 IPSec VPN 的接口。

模式：两台防火墙都使用静态合法 IP 建立 VPN，我们一般选用"主模式"。

对端地址或主机名称：对端防火墙的合法 IP 地址及公网 IP 地址。

提议 1～提议 4：最多引用 4 组 IKE 第一阶段提议，只要其中一组协商成功即可。

信任域：使用数字证书才开启。

预共享密钥：输入两端用来认证的预共享密钥，长度为 6～32 字节。

连接类型：bidirectional——指定该 ISAKMP 网关既是发起端也是响应端。该选项为系统的默认选项。

DPD 间隔和 DPD 重试：DPD 是 VPN 隧道探测功能，若开启两端防火墙的设置需要一致。

步骤 4　创建隧道。

在"VPN"→"IKE"→"VPN"→"隧道"中创建到防火墙 FW-B 的 VPN 隧道，并定义相关参数，如图 6-29 和图 6-30 所示。

图 6-29　新建隧道

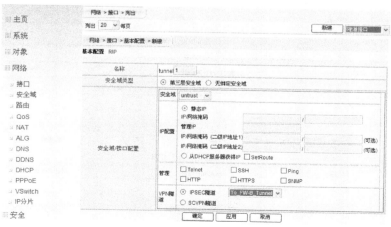

图 6-30　设置隧道参数

参数详解如下。

模式：选择 tunnel。

对端名称：引用创建好的 VPN 对端。

提议名称：引用 IKE 第二阶段提议。

代理 ID：手工设置两个受保护的。

步骤 5　创建隧道接口并与 IPSec 绑定。

在"网络"→"接口"中，新建"隧道接口"指定安全域并引用 IPSec 隧道，如图 6-31 所示。

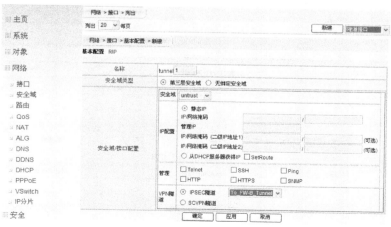

图 6-31　新建隧道接口

参数详解如下。

名称：隧道接口名称只能是 1～128 位的。

安全域：将隧道接口与 untrust 安全域绑定，或者也可以为隧道接口单独创建一个新的安全域并与之绑定。

IP 配置：可以不用填写。

VPN 隧道：选择 IPSec 隧道，绑定创建好的 IPSec 隧道。

步骤 6 添加隧道路由。

在"网络"→"路由"→"目的路由"中新建一条路由，目的地址是对端加密保护子网，网关为创建的 tunnel 口，如图 6-32 所示。

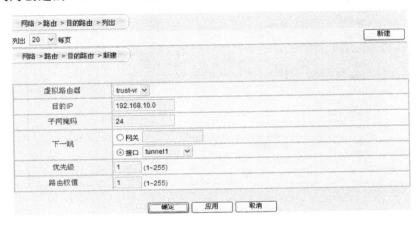

图 6-32 添加隧道路由

参数详解如下。

目的 IP 和子网掩码：目的网段是对端 VPN 网关的保护子网。

下一跳：该路由的下一跳选择隧道接口 tunnel1，表明去往上面的目的网段是通过这条 VPN 隧道转发的。

步骤 7 添加安全策略。

（1）在创建安全策略前首先要创建本地网段，如图 6-33 所示。

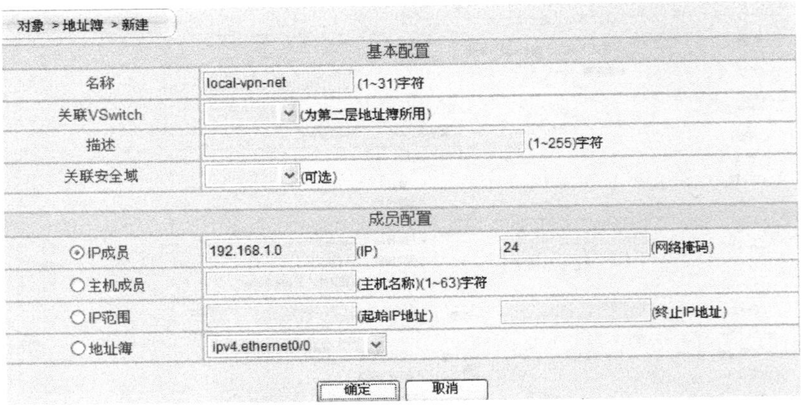

图 6-33 添加本地网段的地址簿

提示：IP 成员指明了本地哪个子网可以和远程网路进行 VPN 通信。

（2）创建对端网段的地址簿（图 6-34）。

（3）创建完成两个地址簿后，在"安全"→"策略"中新建策略，允许本地 VPN 保护子网访问对端 VPN 保护子网（图 6-35）。

图 6-34　添加远程网段的地址簿

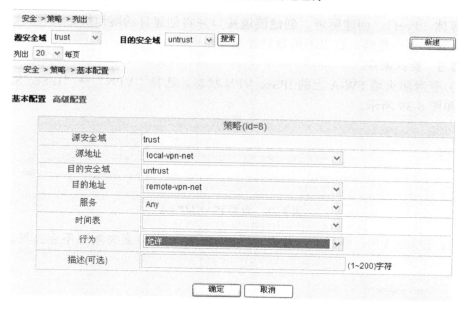

图 6-35　新建策略

（4）允许对端 VPN 保护子网访问本地 VPN 保护子网，如图 6-36 和图 6-37 所示。

图 6-36　新建 untrust 到 trust 的策略

提示：已经建立了一条从 trust 到 untrust 的安全策略，为什么还要建立一条从 untrust 到 trust 的安全策略？因为防火墙的策略设置原则是单向通信，而我们建立 IPSec VPN 的初衷是要保证双方都能互相访问，因此要建立两个方向上的安全策略，才能保证通信正常。

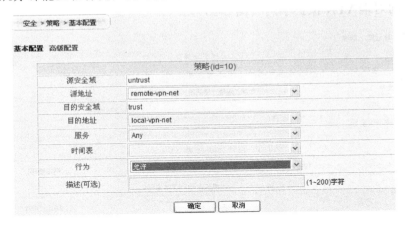

图 6-37　untrust 到 trust 的安全策略

关于 FW-B 防火墙的配置步骤与 FW-A 相同，不同的是某些步骤中的参数设置。

FW-B 防火墙配置的 7 个步骤为创建 IKE 第一阶段提议、创建 IKE 第二阶段提议、创建对等体（Peer）、创建隧道、创建隧道接口并将创建好的隧道绑定到接口、添加隧道路由、添加安全策略，这里不再重复详细介绍。

步骤 8　验证测试。

（1）查看防火墙 FW-A 上的 IPSec VPN 状态，选择"VPN"→"IPSec SA"，如图 6-38 和图 6-39 所示。

VPN > ISAKMP SA

列出 20 ∨ 每页

Cookies	状态	网关	端口	算法	生存时间	操作
520b35f15024f6ce:8696e8761e3c9ae4	established	218.22.44.178	500	pre-share sha/3des	86342	清除

图 6-38　查看 ISAKMP SA

提示：IPSec VPN 协商成功后会出现 IKE SA，若协商失败则不会出现，指的是 Cookies。

VPN > IPSec SA

列出 20 ∨ 每页

ID	VPN名称	方向	网关	端口	算法	SPI	生存期(秒)	生存期(KB)	状态	操作
5	To_FW-B_Tunnel	outbound	218.22.44.178	500	esp:3des/sha	2947adff	28582	-	Active	清除
5	To_FW-B_Tunnel	inbound	218.22.44.178	500	esp:3des/sha	2b28254a	28582	-	Active	清除

图 6-39　查看 IPSec SA

提示：IPSec VPN 协商成功后 OPSec SA 中将出现协商成功的 SPI，否则 SPI 及生存期皆为空。状态：协商成功后的状态为 Active，若协商失败则此处为 Inactive。

（2）查看防火墙 FW-B 上的 IPSec VPN 状态，如图 6-40 和图 6-41 所示。

图 6-40 查看 ISAKMP SA

ID	VPN名称	方向	网关	端口	算法	SPI	生存期(秒)	生存期(KB)	状态	操作
1035	To_FW-A_Tunnel	outbound	218.240.143.221	500	esp:3des/sha	2b28254a	28491	-	Active	清除
1035	To_FW-A_Tunnel	inbound	218.240.143.221	500	esp:3des/sha	2947adff	28491	-	Active	清除

图 6-41 查看 IPSec SA

【任务拓展】

一、理论题

1．什么是 IPSec VPN，它的应用场合有哪些？

2．什么是 IKE？

3．IKE 在 IPSec VPN 中的作用是什么？

4．IKE 协商的两个阶段是什么？

二、实训

1．借助实验室设备完成 IPSec VPN 的配置。

2．如果总部防火墙出口地址为固定合法地址，但是分支机构防火墙为 ADSL 拨号获取地址不固定，此时要实现总部和分支之前的 IPSec 如何实现？有几种方法？

任务 3 VPDN 配置

【任务描述】

小齐利用防火墙给齐威公司配置了 SSL VPN 服务器和 IPSec VPN 服务器，给公司的业务带来了巨大的帮助，受到了领导的好评。小齐的好朋友小王所在的公司也要求出差员工能够安全地接入内网服务器存取文件，但是公司没有防火墙，只有路由器怎么办呢？

小王找小齐帮忙。

【任务分析】

小齐和小王查找了大量的资料，小王路由器具有 VPDN 功能，也可以让用户远程拨入进来，他们决定配置路由器的 VPDN 功能。

【任务准备】

路由器 R1 的 F0/0 口所接的局域网络是公司的内网，F0/3 口是公司的外网出口，PC1 表示出差人员所用的终端设备。PC1 通过 PPTP 隧道方式与公司内网的主机 PC2 连通，如图 6-42 所示。

附加要求：地址池名称为 pptpuser，分配网段 172.16.3.2～172.16.3.21 给所有拨入的用户。用户名为 visitwang，密码为 wang。验证方法名为 xing。

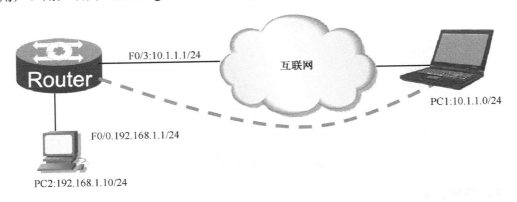

图 6-42　任务实施拓扑图

【任务实战】

? 知识链接

VPDN 简介

VPDN 英文为 Virtual Private Dialup Networks，又称为虚拟专用拨号网，是 VPN 业务的一种，是基于拨号用户的虚拟专用拨号网业务，即以拨号接入方式上网，通过利用 CDMA 1x 分组网络传输数据时，对网络数据的封包和加密，可以传输私有数据，达到私有网络的安全级别。它是利用 IP 网络的承载功能结合相应的认证和授权机制建立起来的安全的虚拟专用网，是近年来随着 Internet 的发展而迅速发展起来的一种技术。VPDN 的具体实现是采用隧道技术，即将企业网的数据封装在隧道中进行传输。隧道技术的基本过程是在源局域网与公网的接口处将数据作为负载封装在一种可以在公网上传输的数据格式中，在目的局域网与公网的接口处将数据解封装，取出负载。被封装的数据包在互联网上传递时所经过的逻辑路径称为"隧道"。要使数据顺利地被封装、传送及解封装，通信协议是保证的核心。

VPDN 是基于拨号接入（PSTN、ISDN）的虚拟专用拨号网业务，可用于跨地域集团企业内部网、专业信息服务提供商专用网、骨干网、金融大众业务网、银行存取业务网等业务。

步骤 1 将路由器配置成为 VPDN 的服务器端（本任务以神州数码 2600 路由器为例）。

（1）全局模式下配置验证方法。

```
aaa authentication ppp xing local
  user visitwang password 0 wang
```

（2）全局模式下配置外来用户所使用的本地地址池。

```
ip local pool pptpuser 172.16.3.2 20
```

（3）虚拟模板接口配置。

```
interface virtual-template 0 //创建了一个虚拟PPP模板接口,作为VPDN NAS
端接口。
ip address 172.16.3.1 255.255.255.0 //为VPN接口定义IP地址。
ppp authentication chap xing //在此接口建立时使用PPP的CHAP验
证,引用上面设置的aaa验证列表。
peer default ip address pool pptpuser //验证通过的外网用户获得的本地地池。
```

（4）全局模式下开启 **VPDN** 功能。

```
vpdn enable
```

（5）**VPDN** 组参数配置。

```
vpdn-group 0 //创建VPDN组,并进入组配置模式。
accept-dialin //使路由器成为VPDN的NAS端,允许外来用户进行VPDN的拨入。
protocol pptp //使用PPTP协议封装数据。
port virtual-template 0 //VPDN组与虚拟模板接口关联,即可以进行通信。
```

步骤2 配置路由器端口 IP 地址。

```
interface fastethernet 0/0
ip address 10.1.1.1 255.255.255.0
exit
interface fastethernet 0/3
ip address 192.168.1.1 255.255.255.0
exit
```

步骤3 配置用户终端 PC1 成为 VPDN PPTP 客户端。

（1）创建新的网络连接,打开"新建连接向导"对话框,单击"下一步"按钮,如图 6-43 所示。

图 6-43 新建连接

（2）在"网络连接类型"对话框中选择网络连接类型，选择第二个选项"连接到我的工作场所的网络（O）"，单击"下一步"按钮，如图6-44所示。

（3）在"网络连接"对话框中选择"虚拟专用网络连接"，单击"下一步"按钮，如图6-45所示。

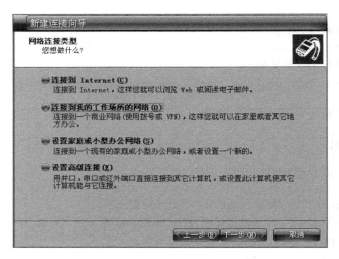

图6-44　选择连接类型

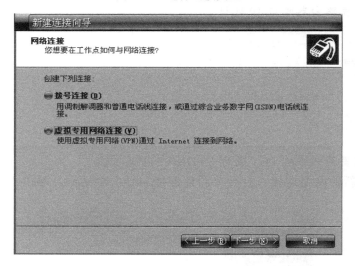

图6-45　选择连接方式

（4）在"连接名"对话框中，定义一个公司名称，如图6-46所示。

（5）在"公用网络"对话框中，确定公网连接是否完成，由于是模拟网络，网络已经连通，所以选择第一个选项"不拨初始连接"，单击"下一步"按钮，如图6-47所示。

（6）在"VPN服务器选择"对话框，输入VPN服务器在公网的发布地址，在任务实战中使用的IP地址是10.1.1.1/24，如图6-48所示。

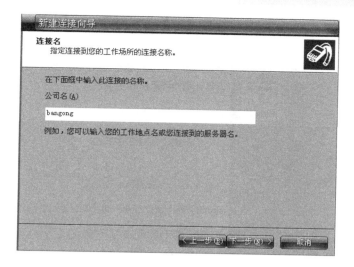

图 6-46　定义公司名称

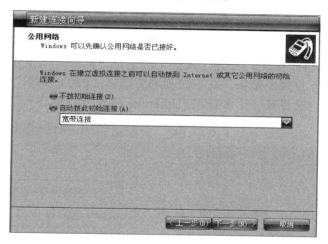

图 6-47　选择"不拨初始连接"

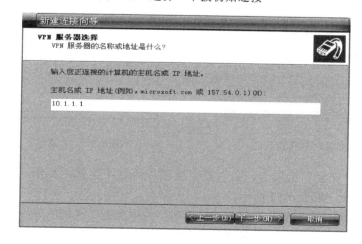

图 6-48　输入 VPN 服务器的地址

（7）单击"下一步"按钮后，系统提示配置已经完成，如图 6-49 所示，单击"完成"按钮。

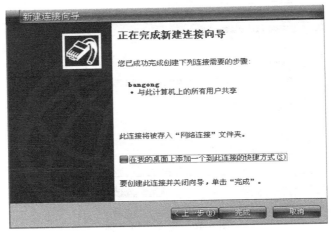

图 6-49　完成连接向导

（8）打开此网络连接，输入在路由器中配置的用户名和密码，如图 6-50 所示。

（9）单击"属性"按钮，打开"属性"对话框，选择"网络"选项卡，在"VPN 类型"区域中单击下拉列表箭头，在下拉列表中选择"PPTP VPN"；在"此连接使用下列项目"区域中，选择第一个多选项"Internet 协议（TCP/IP）"，如图 6-51 所示。

图 6-50　输入用户名和密码

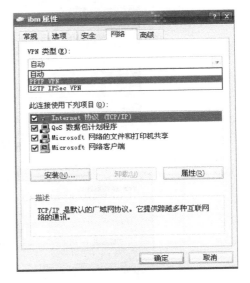

图 6-51　"属性"对话框

（10）选择"安全"选项卡，在"安全选项"区域中选择"高级（自定义设置）"，单击"设置"按钮，如图 6-52 所示。

（11）在"高级安全设置"对话框中，单击"数据加密"区域的下拉箭头，选择"可选加密（没有加密也可以连接）"；在"登录安全措施"区域中，选中"允许这些协议"单选按钮，并选择"Microsoft CHAP（MS-CHAP）"和"Microsoft CHAP 版本 2（MS-CHAP v2）"

两个复选框，单击"确定"按钮，如图 6-53 所示。

　　属性设置完成后，就可以运行创建好的网络连接了。

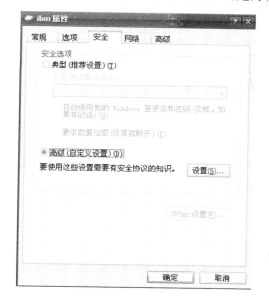

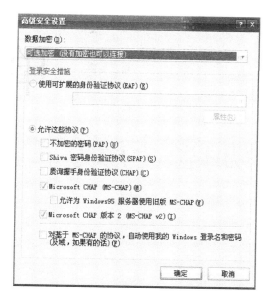

图 6-52　"安全"选项卡

图 6-53　选择加密协议

步骤 4　登录验证测试。

（1）打开拨号窗口，进行拨号操作，输入用户名和密码。

（2）查看网络的连通性，用 ping 命令测试网络的连通性，测试结果如下：

C：\Documents and Setting\Administrtor>ping 192.168.1.10

Pinging 192.168.1.10 with 32 bytes of data:

Reply from 192.168.1.10:bytes=32 time=4ms TTL=127

Reply from 192.168.1.10:bytes=32 time=1ms TTL=127

Reply from 192.168.1.10:bytes=32 time=1ms TTL=127

Reply from 192.168.1.10:bytes=32 time=2ms TTL=127

Ping statistics for 192.168.2.2

Packets:Sent = 4，Received = 4，Lost = 0　（0% loss），

Approximate round trip times in milli-seconds:

Minimum = 1 ms，Maximum = 4ms，Average = 2 ms

【任务拓展】

一、理论题

1．什么是 VPDN？

2．简述在路由器上配置 VPDN 的步骤。

二、实训

利用实验室现有设备，查看设备手册完成 VPDN 的配置。

单元 7

加密与数字签名技术的应用

[单元学习目标]

➤ **知识目标**

1. 了解利用 Windows 系统加密文件的原理
2. 掌握利用 Windows 系统加密文件的方法
3. 掌握利用 Windows 系统 EFS 加密机制解密文件的方法
4. 了解数字签名的工作原理
5. 了解对称加密和非对称加密的方法
6. 掌握利用 PGP 软件对文件进行加密和解密的方法
7. 掌握利用 PGP 软件对文件进行数字签名的方法

➤ **能力目标**

1. 具备利用 Windows 系统加密文件的能力
2. 具备利用 Windows 系统解密文件的能力
3. 具备利用 PGP 软件对文件进行加密和解密的能力
4. 具备利用 PGP 软件对文件进行数字签名的方法

➤ **情感态度价值观**

1. 培养认真细致的工作态度
2. 逐步形成网络安全的主动防御意识

[单元学习内容]

网络给人们带来方便的同时，也带了不少安全性问题。而且网络中的安全是相对的，没有绝对安全。

为了能够让重要文件或邮件等信息安全地通过网络传播，通常对这些文件和邮件采用加密和数字签名技术，这样即使文件或邮件被非法用户获取，也因为文件是加密的而致使获取者无法获取有用信息。由此可见，通过加密和数字签名技术可以防止文件被非法用户打开，确保邮件的来源真实可靠。

本章将通过对常见文件的加密操作来阐述加密的原理和作用，并采用第三方软件（如 PGP）加密电子邮件来介绍数字签名技术，从而掌握加密和数字签名这两种在 Internet 上广泛应用的技术。

任务 1　文件的加密与解密

本任务中对标书文件（主要是 Word 或 Excel 等文档文件）进行的加密，并不等同于平常所说的密码保护。

本实例采用 EFS 加密解密。EFS 是微软操作系统提供的一个很好的文件加密机制。若企业采用了 EFS 加密机制的话，则文件的加密、解密过程都是透明的。当用户完成一个文件后，若觉得这个文件需要保密，则只需要把它存放在一个采用 EFS 加密过的

网络安全技术应用

文件夹内即可。操作系统在文件保存后会自动对这个文件进行加密。用户下次再次查看这个文件的时候，只有利用原来的账户登录进去才能够查看这个加密的文件。因此，这就可以有效地避免有员工乘着文件所有人不注意的时候，把文件通过 U 盘等简便工具复制出去，从而给企业带来损失。

活动 1 文件的加密

【任务描述】

齐威公司最近在和几家公司竞争一个项目，对公司的发展非常重要。但是泄露商业方案的事情时有发生，怎么保证公司商业文件的安全呢，领导找到了小齐。

【任务分析】

利用专业加密方法的安全性要高过 Word 自身的密码保护，可以使用 Windows 自带的 EFS 加密机制。

【任务实战】

1. EFS 介绍

EFS（Encrypting File System，加密文件系统）是 Windows 2000 / XP Professional / Windows Server 2003 操作系统中的一个实用功能，可以直接对 NTFS 卷上的文件和数据加密保存，因此提高了数据的安全性。

EFS 加密是基于公钥策略的，综合了对称加密和不对称加密。使用 EFS 加密一个文件或文件夹的步骤如下。

（1）系统首先会生成一个由伪随机数组成的 FEK（File Encryption Key，文件加密密钥），然后利用 FEK 和数据扩展标准 x 算法创建加密后的文件，并把它存储到硬盘上，同时删除未加密的原始文件。

（2）随后系统利用你的公钥加密 FEK，并把加密后的 FEK 存储在同一个加密文件中。

（3）在访问被加密的文件时，系统首先利用当前用户的私钥解密 FEK，然后利用 FEK 解密出文件。在首次使用 EFS 时，如果用户还没有公钥 / 私钥对（统称为密钥），则会首先生成密钥，然后再加密数据。如果登录到了域环境中，密钥的生成依赖于域控制器，否则依赖于本地机器。

EFS 加密系统对用户是透明的，也就是说，如果你加密了一些数据，那么你对这些数据具有完全访问权限。而其他非授权用户试图访问加密过的数据时，就会收到"访问拒绝"的错误提示。

提示：EFS 加密的用户验证过程是在登录 Windows 时进行的，只要登录到 Windows 操作系统，就可以打开任何一个被授权的加密文件。

EFS 不能加密压缩文件或文件夹，如果一定要加密文件或文件夹，则它们会被解压。EFS 还不能加密具有"系统"属性的文件。

当 EFS 加密的文件或文件夹被复制到非 NTFS 格式的系统上时，文件就会被解密；相反，当非加密文件或文件夹移动到加密文件夹时，这些文件在新文件夹中会自动加密。

2. 加密文件

齐威公司老总的计算机的 D 盘为 FAT32 文件系统，E 盘为 NTFS 文件系统，现采用 EFS 分别对两个文件系统下的文件或文件夹加密，以比较哪个更安全。加密的方式有多种，本文主要介绍在资源管理器上对文件或文件夹加密和采用命令加密两种方式。

（1）在资源管理器上对文件和文件夹进行加密。

① EFS 加密文件夹。

步骤 1 选中 D 盘下的文件夹 security，单击鼠标右键选择"属性"，弹出"security 属性"对话框，如图 7-1 所示。选中 E 盘下的文件夹 biaoshu，单击鼠标右键选择"属性"，弹出"biaoshu 属性"对话框，如图 7-2 所示。

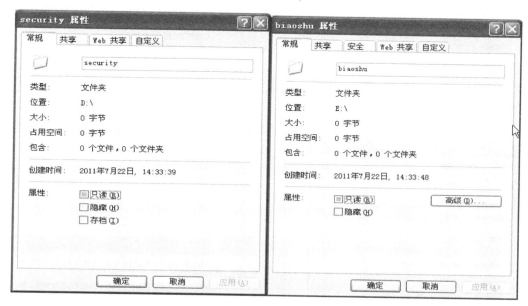

图 7-1 "security 属性"对话框   图 7-2 "biaoshu 属性"对话框

提示： EFS 不可能加密 FAT32 文件系统中的文件夹。

步骤 2 单击"biaoshu 属性"对话框中的"高级"按钮，弹出如图 7-3 所示的"高级属性"对话框。

步骤 3 选中"高级属性"对话框下边"压缩或加密属性"区域中的"加密内容以便保护数据"复选框，单击"确定"按钮，返回"biaoshu 属性"对话框。单击"确定"按钮，第一次加密该文件夹时会弹出如图 7-4 所示的"确认属性更改"对话框。根据应用要求选中一个单选项。

步骤 4 单击"确定"按钮，弹出"应用属性"对话框，开始对 biaoshu 文件夹中的文件和子文件夹进行加密操作。待该属性对话框中的绿色进度条满时，发现 biaoshu 文件夹变为绿色，其中的所有子文件夹和文件名均变为绿色，表明该文件夹中的子文件夹和文件都已经进行了加密。

当其他用户登录系统后打开该文件时，就会出现"拒绝访问"的提示，表示 EFS 加密成功。

② EFS 加密文件。EFS 加密文件的操作与 EFS 加密文件夹的操作基本相同。

选中 NTFS 文件系统下的文件（标书.docx 文件），单击鼠标右键选择"属性"，弹出"标书.docx 属性"对话框，如图 7-5 所示。

后续操作与 EFS 加密文件夹的操作的步骤 2 和步骤 3 相同，弹出"加密警告"对话框，如图 7-6 所示。选择一个单选项，单击"确定"按钮，则该文件加密操作完成。

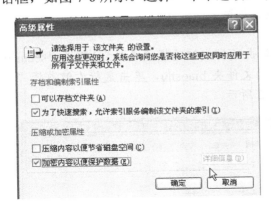

图 7-3 "高级属性"对话框

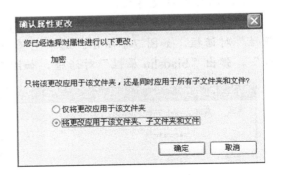

图 7-4 "确认属性更改"对话框

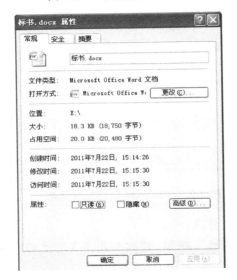

图 7-5 "标书.docx 属性"对话框

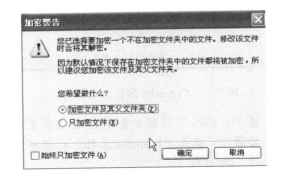

图 7-6 "加密警告"对话框

提示："加密文件及父文件夹"选项表示以后添加到该文件夹中的文件和子文件夹将会被自动加密。"只加密文件"选项表示则只会加密所选中的文件。

（2）在命令提示符下进行文件和文件夹加密。

① 进入 DOS 命令提示符状态。

步骤 1 单击"开始"，选择"运行"，输入"cmd"，进入到命令行窗口。

步骤 2 在 DOS 命令提示符状态。在命令提示符下输入"cipher / ?"，显示加密命令后面所能使用的所有参数，如图 7-7 所示。

② 加密文件或文件夹（对文件或文件夹进行加密操作）。

加密 E:/test/1. doc 文件。在命令提示符窗口中将当前操作符转换到 e: 操作符下，运行 cipher/e/a test/1.doc 命令后，完成对 1.doc 文件的加密，系统提示如图 7-8 所示。查看该文件，发现文件名已经转换为绿色，表明加密成功。

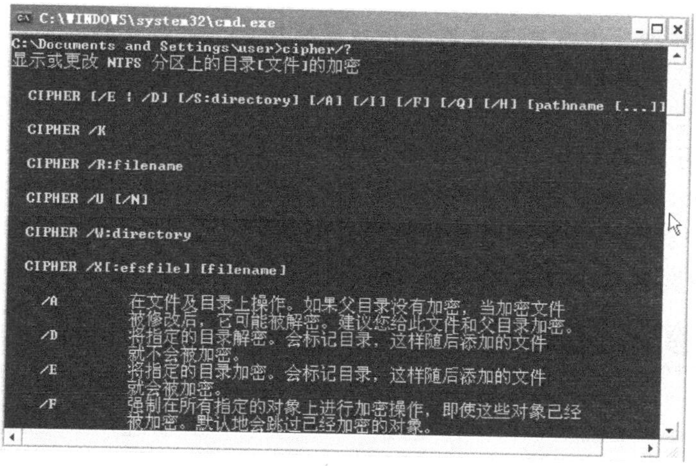

图 7-7 获取 cipher 命令的帮助信息

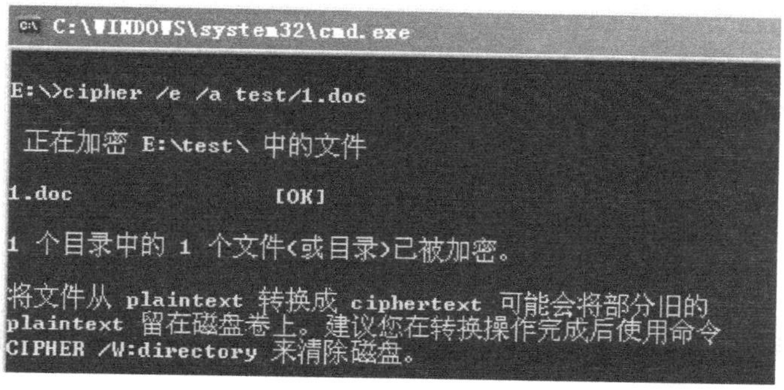

图 7-8 加密 E 盘 test 文件夹下 1.doc 文件的操作

加密 E：/test 文件夹。在命令提示符窗口中将当前操作符转换到 e：操作符下，运行 cipher / e test 命令后，完成 test 文件夹的加密操作，系统提示如图 7-9 所示。

如果要加密 test2 目录下的所有子目录，运行 cipher /e /s: test2 命令即可，如图 7-10 所示。

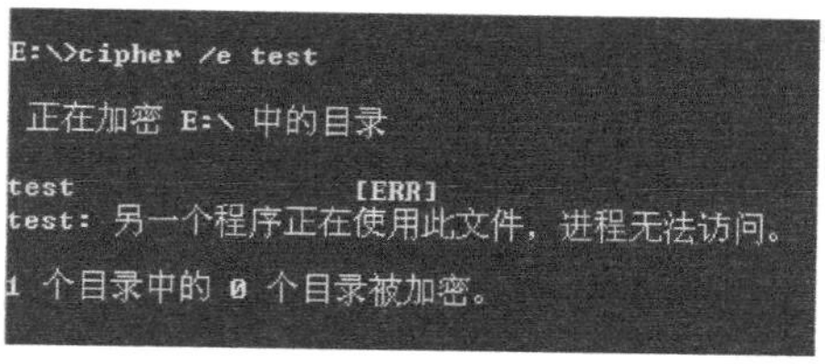

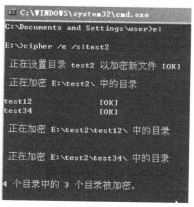

图 7-9 加密 E 盘 test 文件夹

图 7-10 加密 E 盘 test2 文件夹的所有文件夹

提示：EFS 加密文件和文件夹的操作非常简单，很容易掌握。但是，如果在重装系统后，即使还使用原来的用户名和密码，也不能够解密原来加密的文件和文件夹。这是因为重装系统后，将无法获取当初加密的密码，所以一定要注意密钥的备份。

3．备份密钥

步骤 1 在 Windows XP 中，单击"开始"菜单，打开"运行"文本框，输入 certmgr.msc 命令打开"证书"窗口。选择"证书-当前用户"→"个人"→"证书"，只要以前做过加密操作，右边窗口就会有与用户名同名的证书（图 7-11）。

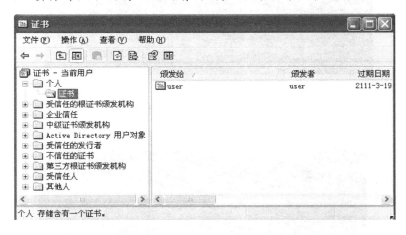

图 7-11 "证书"窗口

步骤 2 右击右边窗口中的证书，在弹出的菜单中选择"所有任务"→"导出"，如图 7-12 所示。

图 7-12 "导出"选项

步骤 3 弹出一个"证书导出向导"对话框，在对话框中选中"是，导出私钥"单选按钮，如图 7-13 所示。

步骤 4 单击"下一步"按钮，并按照向导的要求，选择导出文件格式（图 7-14），输入密码以保护导出的私钥。

步骤 5 单击"下一步"按钮，选择保存证书的路径。如图 7-15 所示，最后证书（CER 后缀的文件）和私钥（PFX 后缀的文件）便成功导出。

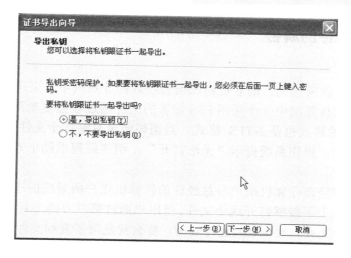

图 7-13　"导出私钥"对话框

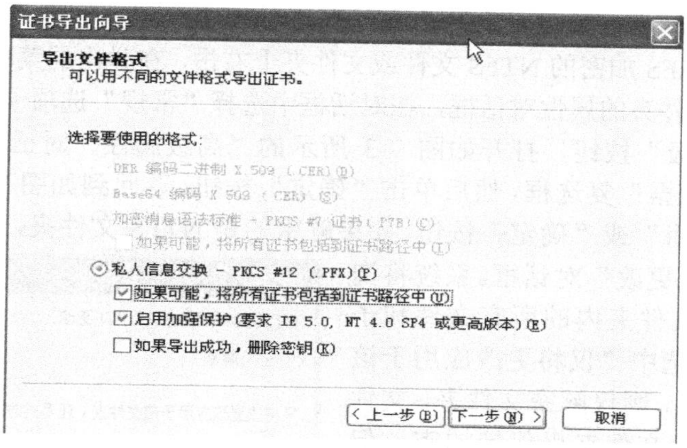

图 7-14　"导出文件格式"对话框

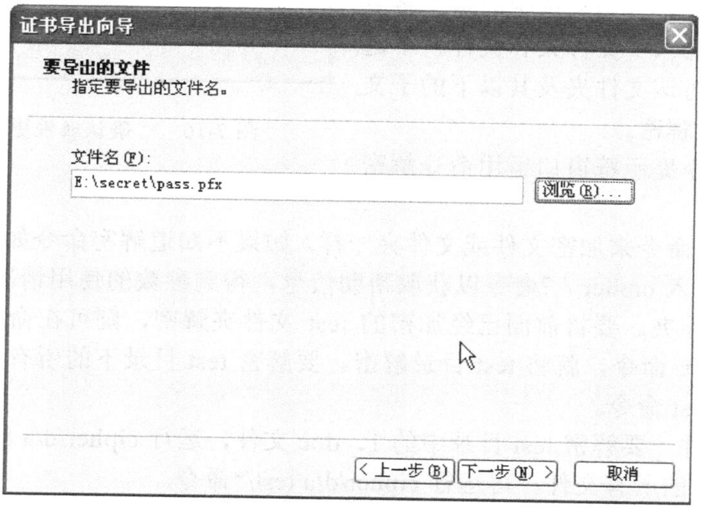

图 7-15　选择导出文件的存放路径

活动 2　文件的解密

【任务描述】

齐威公司为了保密起见，商业资料在销售经理的计算机中是采用 EFS 加密的。销售经理准备将自己计算机中一个采用 EFS 加密的文件通过 U 盘复制到总经理计算机中，而且，这个 U 盘的格式也是 NTFS 格式。当销售经理复制这个文件到总经理的计算机上试图打开的时候，操作系统提示"无法打开"，销售经理求助小齐帮助。

【任务分析】

这是因为销售经理计算机账户与总经理的计算机账户所对应的序列号不同，所以，在总经理的计算机上不能够打开这个文件。当用户通过第三方的工具复制加密文件的时候，就要注意这个文件。要么是先进行解密，要么就是除了复制文件本身之外，还需要复制身份证书。一般情况下，建议先对文件进行解密。

【任务实战】

步骤 1　在资源管理器上对文件和文件夹进行解密。

（1）在已用 EFS 加密的 NTFS 文件或文件夹上右击，在弹出的菜单中选择"属性"，打开相应文件或文件夹的属性对话框，在对话框中选择"常规"选项卡（图 7-1）。

① 单击"高级"按钮，打开如图 7-3 所示的"高级属性"对话框。取消选中"加密内容以便保护数据"复选框，然后单击"确定"按钮，返回到如图 7-1 所示的对话框。

② 单击"应用"或"确定"按钮，如果解密的是 NTFS 文件夹，则会弹出如图 7-16

所示的"确认属性更改"对话框。系统将询问是否要同时将文件夹内的所有文件和子文件夹解密。如果选中"仅将更改应用于该文件夹"单选按钮，则仅解密文件夹，文件夹中的加密文件和文件夹仍保持加密，但是，以后在该文件夹内创立的新文件和文件夹将不会被自动加密。如果选中的是"将更改应用于该文件夹、子文件夹和文件"单选按钮，则将同时对该文件夹及其以下的子文件夹和文件进行解密。

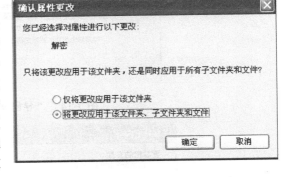

图 7-16　"确认属性更改"对话框

（2）在命令提示符窗口运用命令解密文件或文件夹。

与前面应用命令来加密文件或文件夹一样，如果不知道解密命令如何使用，可以在命令提示符下输入 cipher / ?命令以获取帮助信息，得到参数的使用情况。

① 解密文件夹。要将前面已经加密的 test 文件夹解密，则可在命令提示符窗口中运行 cipher/d test 命令，就将 test 目录解密。要解密 test 目录下的所有子目录，则需运行 cipher/d/s：test 命令。

② 解密文件。要解密 test 目录中的 1．doc 文件，运行 cipher/d/a test/1．doc 命令；要解密该目录中的所有文件，可运行 cipher/d/a test/*命令。

（3）用备份的密钥解密文件或文件夹。

① 刚才已经备份有 PFX 私钥文件，重装系统后要想打开加密文件，则需要首先找到备

份的 PFX 私钥文件，然后右击该文件，在弹出的菜单中选择"安装 PFX"，如图 7-17 所示。

　　②系统将弹出"证书导入向导"对话框，输入当初导出证书时保存证书的路径并且输入密码，然后选择"根据证书类型，自动选择证书存储区"即可，如图 7-18 所示。完成后就可以访问 EFS 加密文件了。

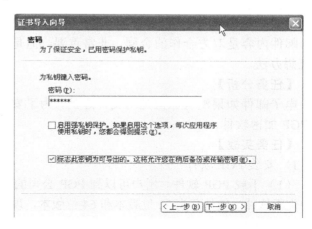

图 7-17　"安装 PFX"选项　　　　　　图 7-18　"证书导入向导"对话框

【任务拓展】

一、理论题

　　1. 什么是 EFS？

　　2. 采用 EFS 加密的文件或文件夹分别在相同格式、不同格式的磁盘分区执行移动、复制、删除、备份、还原操作时，对其加密属性有何影响？

二、实训

　　1. 利用 EFS 进行文件的加密，复制给别人是否可以打开？用实验加以验证。

　　2. 利用 EFS 证书解密的方法把证书和文件都复制过去，是否可以解密？用实验加以证明。

任务2　用 PGP 软件进行加密与签名

　　前面介绍了 Windows 自带的 EFS 加密方法，而实际应用中可选的加密软件非常多，在这些软件中，较流行的电子邮件加密软件是 PGP（Pretty Good Privacy）。该软件是一款完全免费的软件，用户可以到 PGP 公司的官方网站 www.pgp.com.cn 上去下载。

　　PGP 软件是基于 RSA 公钥加密体系的邮件加密软件，可以用来对邮件保密以防止非授权者阅读。PGP 还能对用户的邮件添加数字签名，从而使收信人可以确认发信人的身份。PGP 采用了非对称的公钥和私钥加密体系，公钥对外公开，私钥个人保留，不为外人所知。也就是说用公钥加密的密文只可以用私钥解密，而不知道私钥的话，即使是发信本人也不能解密。为了使收件人能够确认发信人的身份，PGP 使用数字签名来确认发信人的身份。

活动 1   用 PGP 软件进行加密

【任务描述】

齐威公司的销售部王经理想给远在深圳的合作伙伴悠然公司李经理发一份电子邮件，邮件内容是双方合作的合同，非常重要，但是又怕邮件泄密，他找到小齐，让小齐给想想办法。

【任务分析】

电子邮件如果没有加密是明文传递的，为了安全可以对电子邮件进行加密，可以使用 PGP 加密软件。

【任务实战】

1．安装 PGP 软件

（1）下载 PGP 软件。用户可以到 PGP 公司的中文官方网站（www.pgp.com.cn）上下载中文版软件，软件分为 32 位版本和 64 位版本，现在最新的版本是 PGPDesktop10.1.0。

（2）安装 PGP 软件。

步骤 1   下载 PGP 软件后，双击 PGPDesktopWin3210.1.0CHS.exe 文件进行安装。此时进入安装界面，显示欢迎信息，单击“下一步”按钮，紧接着显示许可协议界面，这里选择“接受”，进入提示安装 PGP 所需要的系统以及软件配置情况的界面，建议用户阅读该界面上的信息，按照系统提示进行安装，完成安装后系统提示“重新启动系统”，单击进行重新启动。

提示：PGPDesktopWin3210.1.0CHS.exe 版本经过完整汉化，使用起来非常方便。

步骤 2   系统重新启动后，弹出“PGP 设置助手”对话框，询问“您是否想用当前账户启用 PGP”，选择“是”。然后单击“下一步”按钮，打开如图 7-19 所示的“许可助手：启用许可的功能”界面。在该界面上输入注册号所需要链接的信息，如“名称”、“组织”、“邮件地址”等信息。

步骤 3   单击“下一步”按钮，进入“许可助手：输入许可证”界面，输入许可证号（图 7-20）。输入成功会弹出授权成功界面，如图 7-21 所示。作为企业完全版用户，我们拥有如下权限：可以对网络共享、消息、压缩包、虚拟盘、全部硬盘加密。

提示：在安装 PGP 软件的过程中，如果没有序列号则该软件只有最基本的功能，即使是试用版也需要试用版的序列号。

2．PGP 密钥生成

在使用 PGP 之前，首先需要生成一对密钥，这一对密钥是同时生成的，将其中的一个密钥分发给公司的合作伙伴，也就是要接收文件的人，让他用这个密钥来加密文件，该密钥即为“公钥”。另一个密钥由使用者自己保存，使用者用这个密钥来解开用公钥加密的文件，称为私钥。有两种方法可以设置密钥，第一种当用户成功输入许可信息后，单击“下一步”按钮，就可以进入“密钥设置助手”界面，第二种启动 PGP 软件后在主界面选择“文件”→“新建 PGP 密钥”，弹出对话框。两种方法具体步骤一致，如下：

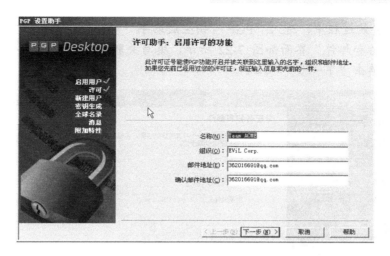

图 7-19　输入用户信息

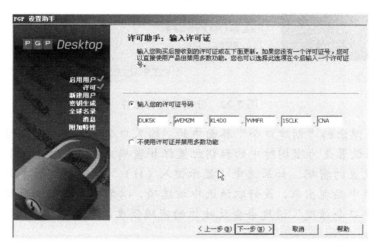

图 7-20　输入许可证号

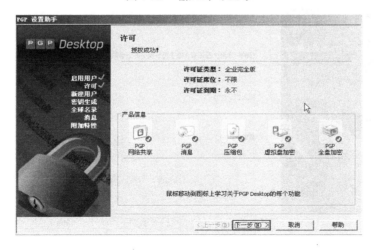

图 7-21　许可授权成功

步骤 1 安装过程中，进入"PGP 密钥生成助手"对话框，单击"下一步"按钮，进入"分配名称和邮件"界面如图 7-22 所示，填写关联的名字和主要邮件地址，也可以填写多个，单击"下一步"按钮。

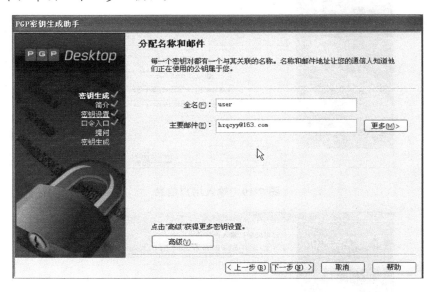

图 7-22 分配名称和邮件

步骤 2 在弹出的"创建口令"界面中的"输入口令"文本框中设置一个不少于 8 位的密码，这项设置是为密钥对中的私钥配置保护密码。在"重输入口令"文本框中再输入一遍刚才设置的密码。如果选中"显示键入（H）"复选框，刚才输入的密码就会在相应的对话框中显现出来，最好取消选中该选项，以免别人能看到你的密码。在输入的时候下面的"口令强度"进度条会反映你的密码强度，如图 7-23 所示。

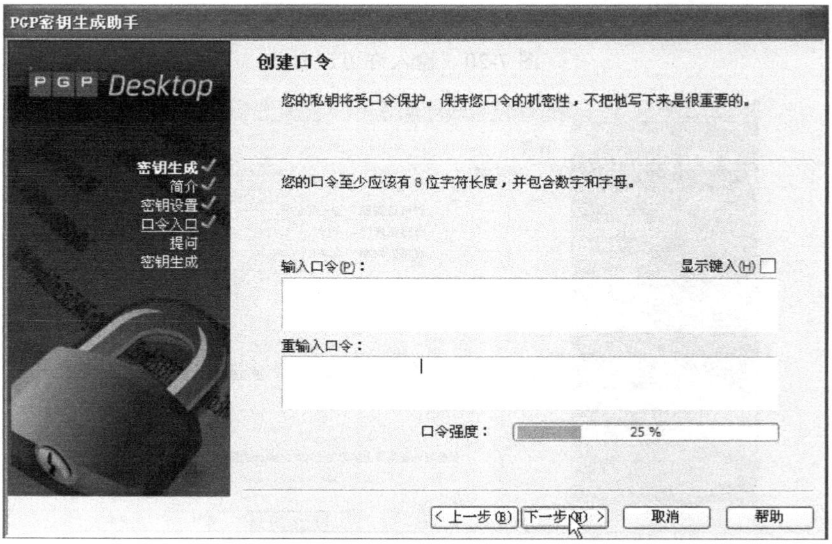

图 7-23 创建口令

提示：在"输入口令"文本框中设置的这个密码非常重要，在使用密钥时将通过这个密码来验证身份的合法性，因此不能太过简单，也不能丢弃或忘记，如果有人取得了这个密码，他就有可能获取密钥中的私钥，这样就会轻易地把你的加密文件解密。

步骤 3　单击"下一步"按钮，进入"密钥生成进度"界面，等待主密钥（Key）和次密钥（Subkey）生成完毕。单击"下一步"按钮完成密钥生成向导，如图 7-24 所示。

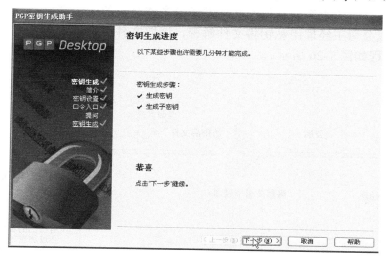

图 7-24　"密钥生成进度"界面

步骤 4　单击"下一步"按钮，会进入"PGP Global Directory Assistant"对话框，可单击"SKIP"按钮跳过，直到庆祝对话框出现，单击"完成"按钮，整个设置向导完成。

PGP 的主界面看到了刚刚设置完成的密钥及关联的电子邮件和用户，如图 7-25 所示。

图 7-25　完成密钥的配置效果

3．PGP 密钥发布

PGP 使用两个密钥来管理数据：一个用以加密，称为公钥（Public Key）；另一个用以解密，称为私钥（Private Key）。公钥和私钥是紧密联系在一起的，公钥只能用来加

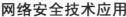

密需要安全传输的数据，却不能解密加密后的数据；相反，私钥只能用来解密，却不能加密数据。

在项目中出于安全的考虑，需要对传输的文档进行加密，操作步骤如下。

（1）齐威公司王经理首先要把自己的公钥发布给悠然公司的李经理。

（2）悠然公司的李经理用王经理发过来的公钥对商业文件进行加密。

（3）悠然公司的李经理将加密文件发送给齐威公司的王经理。

（4）齐威公司王经理用私钥将文件解密，读取文件内容。

该工作流程如图 7-26 所示。

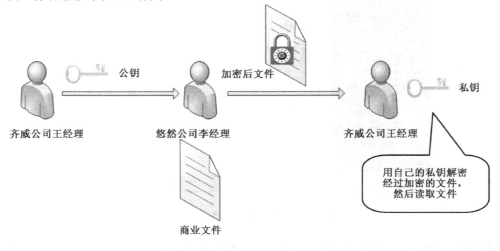

图 7-26　商业文件传递流程

（1）王经理自己导出公钥文件。要发布公钥，首先必须将公钥从证书中导出。下面详细介绍如何导出公钥。

步骤 1　王经理启动 PGP，然后用鼠标右键单击用来发送加密电子邮件的密钥，在弹出的菜单中选择"导出"，如图 7-27 所示。

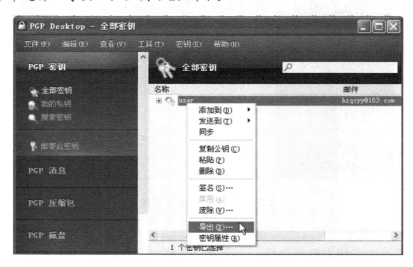

图 7-27　选择要导出的密钥

步骤 2　打开如图 7-28 所示的对话框，将扩展名为 asc 的 user.asc 文件导出。选择一个目录再单击"保存"按钮即可导出你的公钥扩展名为 asc。

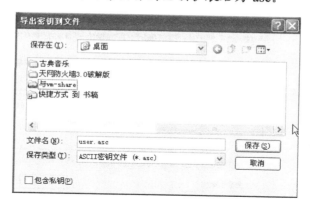

图 7-28　"导出密钥到文件"对话框

提示：如果在图 7-28 中选中了"包含私钥"复选框，则同时会导出私钥。但是私钥不能让别人知道，因此在导出用来发送给邮件接收者的公钥中不要包含私钥，即不要选中该复选框。

公钥导出后，就可以将它放在你的网站上（如果有的话），或者将扩展名为 asc 的 user.asc 文件直接发给悠然公司的李经理了。

（2）悠然公司李经理导入公钥文件。

提示：悠然公司的李经理同样需要安装 PGP 软件。

步骤 1　将来自齐威公司王经理的公钥下载到自己的计算机上，双击对方发过来的扩展名为 asc 的公钥文件，进入"选择密钥"对话框（图 7-29），可看到该公钥的基本属性，如 Validity（有效性，PGP 系统检查是否符合要求，如符合，就显示为绿色）、Trust（信任度）、Size（大小）、Description（描述）、KeyID（密钥 ID）、Creation（创建时间）、Expiration（到期时间）等，以便从中了解是否该导入此公钥。如果当前显示的属性中没有这么多信息，则可以使用菜单组里的 VIEW 菜单，并选中里面的全部选项。

步骤 2　选中需要导入的公钥（也就是 PGP 中显示出的对方的 E-mail 地址），单击"导入"按钮，即可导入该公钥，如图 7-29 所示。

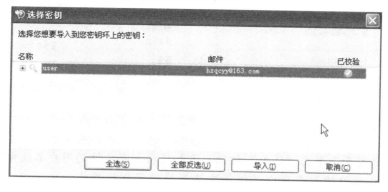

图 7-29　"选择密钥"对话框

步骤 3 选中导入的公钥，单击鼠标右键，选择"签名"，如图 7-30 所示，出现"PGP 签名密钥"对话框，如图 7-31 所示。

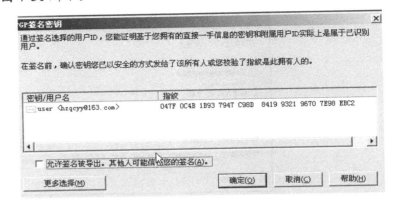

图 7-30 "签名"选项　　　　　图 7-31 "PGP 签名密钥"对话框

步骤 4 单击"确定"按钮，出现要求为该公钥输入密码短语的对话框，输入你设置用户时的那个密码短语，然后继续单击"确定"按钮，即完成签名操作。查看密码列表里该公钥的属性，应该在"Validity（有效性）"栏显示为绿色，表示该密钥有效。

步骤 5 选中导入的公钥，单击鼠标右键，选择"密钥属性"，出现如图 7-32 所示的对话框。信任度处不再为灰色，说明这个公钥被 PGP 加密系统正式接受，可以投入使用了。

4．加密电子邮件

步骤 1 选中要加密的文件"商业秘密.txt"，单击鼠标右键，在安装 PGP 程序后，弹出的菜单中会出现 PGP 相应程序命令，选择"使用密钥保护'商业秘密.txt'"，如图 7-33 所示。

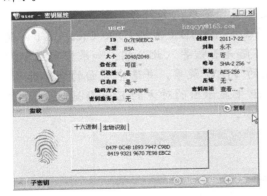

图 7-32 "密钥属性"对话框　　　　　图 7-33 加密快捷菜单项

步骤 2 打开"选择密钥"对话框，选择上部窗格中用于加密文件的公钥，然后双击该公钥添加到下部窗格中，单击"下一步"按钮，弹出"添加用户密钥"页面，如图 7-34 所示，在弹出的页面上单击"添加"按钮，添加接收加密文件的用户名及电子邮件地址。

提示： 默认本地的用户和电子邮件在这里要进行删除操作。

步骤 3 选择"签名&保存"，可以用签名辨明真伪，并选择文件的保存位置，然后单击"下一步"按钮，开始用对方提供的公钥进行加密，生成加密后的文件扩展名为

pgp，如图 7-35 所示。

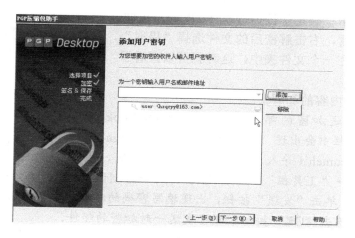

图 7-34　添加用户密钥

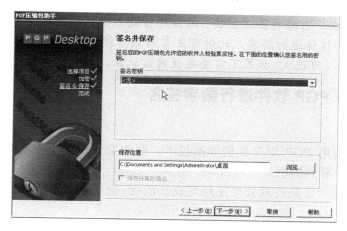

图 7-35　签名并保存

5．接收邮件并解密

齐威公司的王经理收到李经理发的文件后，双击这个文件，弹出一个对话框，如图 7-36 所示。

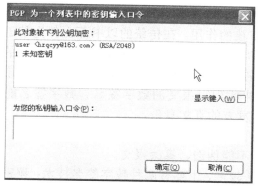

图 7-36　输入私钥口令

可以看出确实是用用户 user 和邮箱 hzqcyy@163.com 建立的公钥,下面输入建立私钥时的口令。单击"确定"按钮进入 PGP 的主页面,现在文件还不能看,右击解密后的文件选择"提取",就可把文件保存在一个文件夹中,这时就可以查看了,如图 7-37 所示。

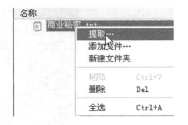

图 7-37　提取加密文件

6. 电子邮件内容的加解密

步骤 1　发送加密的邮件。重新启动 OutLook Express,在工具栏中会出现"Encrypt(加密)"、"Sign(签名)"和"Lcumch(导入)"几个按钮。如果没有,请选择"查看"→"工具栏"→"自定义",写一封测试信,单击工具栏中的"Encrypt"和"Sign"按钮,单击"发送"按钮,出现填写密码的对话框,在对话框中输入密钥设置的正确密码,单击"OK"按钮,即可发送一封加密的邮件。

步骤 2　接收邮件。邮件接收者在接到刚才发送的测试邮件时,看到的是一堆乱码。

步骤 3　解密邮件。收到邮件后,双击加密的信件,在工具栏按钮中单击"Decrypt(解密)"按钮,在"密码的签名密钥"对话框中输入前面设置的密码,单击"OK"按钮,即可对加密的信件进行解密,此时可正常看到信件的原文。

步骤 4　卸载(可选)。如果不需要再使用该软件,可将它卸载。

活动 2　用 PGP 软件进行数字签名

【任务描述】

经过前面的利用 PGP 对文件的加密技术,商业文件已经不能被第三方轻易获取,或者即使获取了,看到的也是一堆乱码。但其中还有一个难题:如何确定悠然公司老总收到的商业文件就一定是齐威公司王经理发出的呢,而不是第三方为了破坏而撰写的一份假文件呢?

【任务分析】

这就需要下面所介绍的数字签名技术来解决。数字签名技术可以保证商业文件的来源真实可靠。

【任务实战】

步骤 1:了解什么是数字签名技术。

在人们的工作和生活中,许多事务的处理都需要当事者签名,如政府文件、商业合同等。签名起到认证、审核的作用。在传统的以书面文件为基础的事务处理中采用书面签名的形式,如手签、印章、指印等。在以计算机文件为基础的事务处理中,则采用电子签名的形式,即数字签名。数字签名技术以加密技术为基础,其核心是采用加密技术的加、解密算法体制来实现对报文的数字签名。数字签名能够实现以下功能:

(1)收方能够证实发方的真实身份。

(2)发方事后不能否认所发送过的报文。

(3)收方或非法者不能伪造、篡改报文。

实现数字签名的方法较多,主要有两种数字签名技术:秘密密钥的数字签名和公开密钥的数字签名。

（1）秘密密钥的数字签名。

秘密密钥的加密技术是指发方和收方依照事先约定的密钥对明文进行加密和解密的算法，它的加密密钥和解密密钥为同一密钥，只有发方和收方才知道这一密钥（如 DES 体制）。由于双方都知道同一密钥，无法杜绝否认和篡改报文的可能性，所以必须引入第三方加以控制。这个第三方就是我们熟知的 CA 数字证书中心。

（2）公开密钥的数字签名。

由于秘密密钥的数字签名技术需要引入第三方机构，而人们又很难保证第三方机构的安全性、可靠性，同时这种机制给网络管理工作带来很大困难，所以迫切需要一种只需收、发双方参与就可实现的数字签名技术，而公开密钥的加密体制很好地解决了这一难题。

我们这个任务就是使用 PGP 的公开密钥的数字签名技术来实现的。

在这个任务中出于安全的考虑，除了要对文档进行加密，还要进行数字签名，使用的是公开密钥的数字签名技术，在这里只叙述数字签名的步骤如下，如图 7-38 所示。

（1）齐威公司王经理首先要把自己的公钥发给悠然公司的李经理。

（2）齐威公司的王经理用自己的私钥对发送的加密文件进行数字签名。

（3）齐威公司的王经理将加密文件发送给悠然公司的李经理。

（4）悠然公司的李经理用私钥将文件解密，并用王经理发送过来的公钥解密签名，从而验证签名。

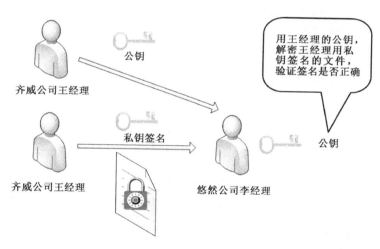

图 7-38　签名示意图

步骤 2　用 PGP 实现数字签名。

接下来让我们看看齐威公司的王经理是怎么给悠然公司的李经理发送一份加密并且签名的商业文件的。

（1）准备工作（具体技术步骤参看单元 7 任务 2 活动 1）。

① 首先悠然公司的李经理用 PGP 生成一个密钥，并导出公钥 yrl.asc 发给王经理，具体步骤见单元 7 任务 2 活动 1。

② 也需要王经理用 PGP 生成一个密钥，并导出公钥。

③ 使双方都有彼此的公钥。

（2）加密文件。

① 齐威公司的王经理把李经理发来的公钥 yrl.asc 导入、签名，并校验成功。

② 对名字为"商业文件.txt"的文件用公钥进行加密并签名。

单击鼠标右键，选择"PGP Desktop"中的"使用密钥保护'商业文件.txt'"，如图 7-39 所示。

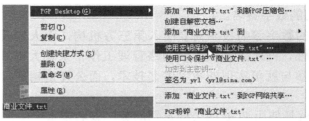

图 7-39　选择使用密钥保护文件

在打开的"添加用户密钥"页面中，添加用来加密此文件的公钥，单击"添加"按钮，如图 7-40 所示。选择导入的公钥文件 yrl，并单击"确定"按钮，最终添加的结果如图 7-41 所示。

图 7-40　添加用户密钥

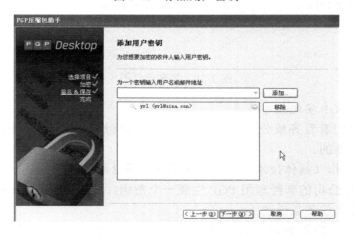

图 7-41　添加用来加密的公钥结果

签名并保存，注意选择签名的密钥为 qww<qww@163.com>，此密钥为齐威公司王经理建立的密钥，生成的文件保存在桌面，文件名为"商业文件.txt.pgp"。接着就可以把这个文件通过电子邮件的方式发送，如图 7-42 所示。

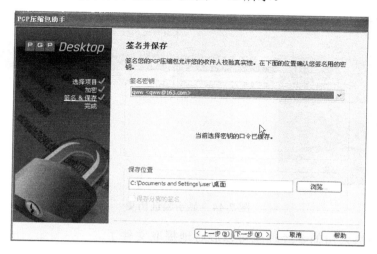

图 7-42 建立签名并保存加密后的文件

（3）接收文件并解密文件。

悠然公司的李经理接收到齐威公司王经理发送的电子邮件，并下载了附件——商业文件.txt.pgp。

① 李经理双击收到的文件，弹出的对话框如图 7-36 所示，输入双方知晓的加密口令，单击"确定"按钮进入 PGP 的主页面，现在文件还不能看，右击解密后的文件选择"提取"，就可以把文件保存在一个文件夹中，这时就可以查看了。

② 进入 PGP 的主页面，注意查看"商业文件.txt.pgp"的验证信息，如图 7-43 所示。从图中可以看到文件大小和状态信息，状态显示了已解密与已校验，后面又显示了 qww<qww@163.com>，我们正是用它对文件进行的签名。

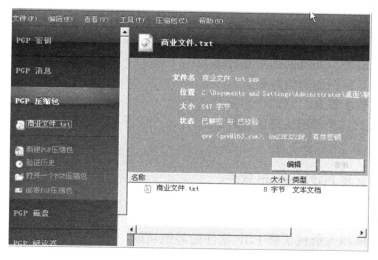

图 7-43 显示解密信息及校验

③ 单击"验证历史"链接，可以进一步确认数字签名的有效性，从这里看出 PGP 软件已经进行了校验，本邮件确实是从齐威公司王经理那里发送的，没有经过任何的改动，如图 7-44 所示。

图 7-44　显示验证历史

④ 最后悠然公司的李经理就可以放心地提取文件了。

？ 知识链接

1．哪里有 PGP 的学习资料？

查阅 www.pgp.com（英文）或 www.pgpchs.com（中文），以及搜索引擎。

2．公钥、私钥、密钥对和密钥环等是什么意思，分别是用来干什么的？

通俗地说，公钥就是锁，私钥是钥匙。公钥用来加密或校验，私钥用来解密或签名。密钥对则是包含锁和钥匙的套装。密钥环相当于密钥对和他人公钥的存储仓库，包含一个或更多的密钥对及公钥。

【任务拓展】

一、理论题

1．加密算法能保证信息的绝对安全吗？要保证信息的绝对安全，加密算法需要符合什么条件？

2．什么是加密，加密的作用是什么？

3．简述公开密钥加密的过程。

4．什么是数字签名，它的作用是什么？

5．简述基于公开密钥认证的过程。

二、实训

1．下载并安装 PGP Desktop 软件。

2．利用 PGP 软件进行公开密钥的加密及解密。

3．利用 PGP 软件对加密文件进行签名。

4．上网收集相关资料了解 PGP 软件的其他功能，并给大家演示。